Qualitätsmanagement nach DIN EN ISO 9000 ff. in Dienstleistungsunternehmen

**Qualitätsmanagement nach DIN EN ISO 9000 ff.
in Dienstleistungsunternehmen**

Jetzt diesen Titel zusätzlich als E-Book downloaden und 70 % sparen!

Als Käufer dieses Buchtitels haben Sie Anspruch auf ein besonderes Kombi-Angebot: Sie können den Titel zusätzlich zum Ihnen vorliegenden gedruckten Exemplar für nur 30 % des Normalpreises als E-Book beziehen.

Der BESONDERE VORTEIL: Im E-Book recherchieren Sie in Sekundenschnelle die gewünschten Themen und Textpassagen. Denn die E-Book-Variante ist mit einer komfortablen Volltextsuche ausgestattet!

Deshalb: Zögern Sie nicht. Laden Sie sich am besten gleich Ihre persönliche E-Book-Ausgabe dieses Titels herunter.

In 3 einfachen Schritten zum E-Book:

1. Rufen Sie die Website **www.beuth.de/e-book** auf.

2. Geben Sie hier Ihren persönlichen, nur einmal verwendbaren E-Book-Code ein:

   2629109D5BD890F

3. Klicken Sie das „Download-Feld“ an und gehen dann weiter zum Warenkorb. Führen Sie den normalen Bestellprozess aus.

Hinweis: Der E-Book-Code wurde individuell für Sie als Erwerber dieses Buches erzeugt und darf nicht an Dritte weitergegeben werden. Mit Zurückziehung dieses Buches wird auch der damit verbundene E-Book-Code für den Download ungültig.

**Qualitätsmanagement nach DIN EN ISO 9000 ff.
in Dienstleistungsunternehmen**

Mehr zu diesem Titel

... finden Sie in der Beuth-Mediathek

Zu vielen neuen Publikationen bietet der Beuth Verlag nützliches Zusatzmaterial im Internet an, das Ihnen kostenlos bereitgestellt wird. Art und Umfang des Zusatzmaterials – seien es Checklisten, Excel-Hilfen, Audiodateien etc. – sind jeweils abgestimmt auf die individuellen Besonderheiten der Primär-Publikationen.

Für den erstmaligen Zugriff auf die Beuth-Mediathek müssen Sie sich einmalig kostenlos registrieren. Zum Freischalten des Zusatzmaterials für diese Publikation gehen Sie bitte ins Internet unter

www.beuth-mediathek.de

und geben Sie den folgenden Media-Code in das Feld „Media-Code eingeben und registrieren" ein:

M262911456

Sie erhalten Ihren Nutzernamen und das Passwort per E-Mail und können damit nach dem Log-in über „Meine Inhalte" auf alle für Sie freigeschalteten Zusatzmaterialien zugreifen.

Der Media-Code muss nur bei der ersten Freischaltung der Publikation eingegeben werden. Jeder weitere Zugriff erfolgt über das Log-In.

Wir freuen uns auf Ihren Besuch in der Beuth-Mediathek.

Ihr Beuth Verlag

Hinweis: Der Media-Code wurde individuell für Sie als Erwerber dieser Publikation erzeugt und darf nicht an Dritte weitergegeben werden. Mit Zurückziehung dieses Buches wird auch der damit verbundene Media-Code ungültig.

Elmar Pfitzinger

Qualitätsmanagement nach DIN EN ISO 9000 ff. in Dienstleistungsunternehmen

mit Excel-Tabellen zur Selbsteinschätzung

4., vollständig überarbeitete Auflage 2016

Herausgeber:
DIN Deutsches Institut für Normung e. V.

Beuth Verlag GmbH · Berlin · Wien · Zürich

Herausgeber: DIN Deutsches Institut für Normung e. V.

© 2016 Beuth Verlag GmbH
Berlin · Wien · Zürich
Am DIN-Platz
Burggrafenstraße 6
10787 Berlin

Telefon: +49 30 2601-0
Telefax: +49 30 2601-1260
Internet: www.beuth.de
E-Mail: kundenservice@beuth.de

Titelbild: © Alexander Raths, Benutzung unter Lizenz von shutterstock.com
Satz: B & B Fachübersetzergesellschaft mbH, Berlin
Druck: COLONEL, Kraków
Gedruckt auf säurefreiem, alterungsbeständigem Papier nach DIN EN ISO 9706

ISBN 978-3-410-26291-6
ISBN (E-Book) 978-3-410-26292-3

Inhalt

Seite

1 **Einführung** 1

2 **Entwicklung des Qualitätsverständnisses** 5

3 **Warum ein Qualitätsmanagementsystem nach DIN EN ISO 9000 ff.?** 7

4 **Entwicklung der DIN EN ISO 9000 ff.** 11

5 **Was will die DIN EN ISO 9000 ff. erreichen?** 13

6 **Struktur der DIN EN ISO 9000 ff.** 15

7 **Änderungen der Norm DIN EN ISO 9001 Version 2015 gegenüber Version 2008** 17

7.1 **Wissensmanagement** 18

7.2 **Chancen- und Risikomanagement** 19

7.3 **Verstärkung der Verantwortung der Leitung** 21

7.4 **Verstärkung des prozessorientierten Ansatzes** 22

7.5 **Orientierung am Kontext des Unternehmens** 22

7.6 **Orientierung an den Erwartungen interessierter Parteien** 23

8 **Basis des Qualitätsmanagementsystems: Die betrieblichen Prozesse** 25

9 **Anforderungen der DIN EN ISO 9001 an Dienstleistungsunternehmen** 39

9.1 **Erläuterung der Normkapitel der DIN EN ISO 9001** 41

9.1.1 Normenkapitel DIN EN ISO 9001: 4 Kontext der Organisation 41

9.1.2 Normkapitel DIN EN ISO 9001: 5 Führung 50

9.1.3 Normkapitel DIN EN ISO 9001: 6 Planung 56

9.1.4 Normkapitel DIN EN ISO 9001: 7 Unterstützung 62

9.1.5 Normkapitel DIN EN ISO 9001: 8 Betrieb 76

Seite

9.1.6 Normkapitel DIN EN ISO 9001:
9 Bewertung der Leistung 105

9.1.7 Normkapitel DIN EN ISO 9001:
10 Verbesserung 114

9.2 Zusammenfassung der Selbsteinschätzung 117

10 DIN EN ISO 9004 – die sonstigen Anregungen .. 119

11 Dokumentation des QM-Systems 123

12 Aufbau eines QM-Systems nach DIN EN ISO 9000 ff. 127

12.1 Internes Vorgehen beim Aufbau eines QM-Systems 127

12.1.1 Information 127

12.1.2 Analyse des Ist-Zustandes 128

12.1.3 Aufbau des QM-Systems 128

12.1.4 Verbesserung und Schulung des QM-Systems 132

12.1.5 Überprüfung des QM-Systems 134

12.2 Die Zusammenarbeit mit dem Zertifizierungs-unternehmen 135

12.3 Kriterien für die Auswahl der Zertifizierungs-gesellschaft 136

12.4 Kostenbetrachtung 136

12.5 Was kann ein externer Berater leisten? 137

13 Kritische Erfolgsfaktoren beim Systemaufbau, Gefahren 141

14 DIN EN ISO 9000 ff. und TQM 145

15 Ausblick 149

16 Glossar 151

17 Literatur 154

Einführung 1

Der Dienstleistungssektor ist der Bereich, auf dem hinsichtlich der Beschäftigungssituation noch immer große Hoffnungen ruhen. Es wird immer wieder behauptet, dass sich unsere Gesellschaft von einer Industrie- hin zu einer Dienstleistungsgesellschaft entwickelt. Damit kommt dem Dienstleistungssektor eine große Bedeutung zu und entsprechend sind die Wachstumsraten dieses Bereiches.

Dieses Wachstum bringt es leider mit sich, dass sich gerade in diesem Bereich viele „schwarze Schafe" tummeln. Es gibt zwar in vielen Bereichen innerhalb des Dienstleistungssektors Bemühungen, Qualitätsstandards zu setzen, doch übergreifende Standards hinsichtlich der Qualität von Dienstleistungen sind bisher noch kaum entwickelt. Gleichzeitig ist die Qualität von Dienstleistungen vor ihrer Erbringung in vielen Fällen nur schwer messbar. Immer wieder tritt der Fall ein, dass eine Dienstleistung erbracht und erst danach festgestellt wird, dass die Qualität nicht ausreichend war. Als Beispiel sei nur der Fall einer Beratung durch einen Unternehmensberater angeführt, die nicht zum gewünschten Erfolg führt. Gleichzeitig ist bei Dienstleistungen die Qualität in weit größerem Umfang von der Qualifikation und Motivation des die Dienstleistung erbringenden Personals abhängig, als das in der industriellen Fertigung der Fall ist. Grund dafür ist der vergleichsweise hohe Mechanisierungsgrad in der industriellen Fertigung. Auf diese beiden Faktoren muss also bei der Entwicklung und Erbringung von Dienstleistungen verstärkt geachtet werden.

Ein weiterer wichtiger Aspekt des Dienstleistungssektors ist die Unüberschaubarkeit des Angebots: Ist es beim Kauf von Reinigungsleistungen noch relativ einfach, Angebote gegeneinander zu vergleichen, so fällt dieser Vergleich in anderen Fällen wesentlich schwerer.

Anhand welcher Merkmale sollte man zum Beispiel verschiedene Angebote über die Projektberatung im Thema DIN EN ISO 9000 ff. vergleichen? Hier kann man andere als die Angabe von Referenzen kaum finden.

Mussten sich auf manchen Märkten die Dienstleistungsanbieter bis dato kaum Sorgen um die Abnahme ihrer Produkte machen (beispielhaft sei der Boom für Personalverleih in den letzten Jahren genannt), so deutet sich inzwischen auch hier eine Entwicklung hin zum Käufermarkt an. Damit wird es für Dienstleistungsunternehmen immer wichtiger, die Qualität ihrer Produkte sicherzustellen, sich von Mitbewerbern abzuheben.

Sehr hohe Kosten fallen auch im Dienstleistungsbereich für die Beseitigung von Fehlern an. Dabei ist es unerheblich, ob diese Kosten letztendlich vom Kunden oder vom Dienstleistungsanbieter zu tragen sind, denn im ersten Fall ist die Geschäftsbeziehung wohl in den meisten Fällen anschließend beendet. In dieser Hinsicht gilt für dieses Marktsegment dieselbe Regel wie in eigentlich allen anderen: Die spätere Fehlerbeseitigung ist wesentlich teurer als das Erkennen und Verhindern von Fehlern in der Entwicklung. Auch die Prüfung von Produkten, und dazu sind auch Dienstleistungen zu zählen, vor der Auslieferung an den Kunden kann nur eine von mehreren Maßnahmen sein, die Qualität sicherzustellen. Qualität kann nicht „erprüft" werden. Dies ist inzwischen quer durch alle Branchen erkannt worden und hat auch für den Dienstleistungssektor Gültigkeit. Ein noch so ausgefeiltes Testszenario kann den Fehlerdurchschlupf bestenfalls minimieren.

Die Vermarktung von Dienstleistungen ist vielfach geprägt von der Tatsache, dass Dienstleistungen nicht wie Produkte zur Nachbesserung „zurückgerufen" werden können. Beispielhaft sei nur an ein Weiterbildungsunternehmen gedacht, das seine ehemaligen Teilnehmer eben nicht zurückrufen und „nachbessern" kann, wenn ein Seminar nicht den gewünschten Erfolg hatte. Bei Dienstleistungen muss die Qualität quasi sofort „stimmen".

Alle diese Tatsachen haben auch im Dienstleistungsbereich dafür gesorgt, dass die möglichst umfassende Sicherung der Qualität zu einem wichtigen Thema geworden ist. Dabei folgen die Anbieter der Entwicklung, die in anderen Branchen bereits weiter fortgeschritten ist. Überall ist umfassendes Qualitätsmanagement das Ziel der Unternehmen. Beim Thema Qualitätsmanagement dreht sich die Diskussion auch heute regelmäßig um die Normengruppe DIN EN ISO 9000 ff. Schon sind viele Dienstleistungsunternehmen nach dieser Norm zertifiziert, immer mehr wird DIN EN ISO 9000 ff. zum Marktstandard auch in dieser Branche. Die DIN EN ISO 9000 ff. kann auf alle Unternehmen angewendet werden. Selbstverständlich gibt es in Dienstleistungsunternehmen spezifische Dinge, die bei der Umsetzung der Norm berücksichtigt werden müssen. Die Norm nimmt auf diese Besonderheiten Rücksicht. Das vorliegende Buch soll eine Hilfe für Unternehmen des Dienstleistungssektors beim Aufbau eines Qualitätsmanagementsystems sein, das sich an der DIN EN ISO 9000 ff. orientiert.

Dabei wird nach einführenden Bemerkungen die Normengruppe DIN EN ISO 9000 ff. zum zentralen Thema. Zunächst werden ihre Herkunft und Struktur beschrieben. Sodann wird eine Vorgehensweise angegeben, die beim Aufbau eines normgerechten Qualitätsmanagementsystems hilfreich ist. Auch die mit dem Systemaufbau verbundenen Gefahren werden genannt. Im anschließenden Teil werden die einzuhaltenden Normforderungen übersichtlich angegeben und durch Anregungen zur Umsetzung in Unternehmen des Dienstleistungsbereiches ergänzt. Dieser Abschnitt listet weiterhin Fragen auf, die eine Einschätzung des eigenen Unternehmens im Hinblick auf die Forderungen der Norm ermöglichen. In den abschließenden Kapiteln wird DIN EN ISO 9000 ff. gegenüber Total Quality Management (TQM) abgegrenzt und mit den dort vorhandenen Qualitätsmodellen verglichen. Ein Ausblick über die abzusehenden Entwicklungstendenzen des Qualitätsmanagements schließt das Buch ab.

Entwicklung des Qualitätsverständnisses 2

Sicherlich machen sich die Menschen explizit oder implizit Gedanken über Qualität, seit sie Güter herstellen. Bis vor wenigen Jahrzehnten beschränkten sich diese Qualitätsgedanken jedoch überwiegend auf das produzierende Gewerbe. Es gab und gibt Gütesiegel, Zertifikate etc. für alle möglichen Produkte. Erst in neuerer Zeit macht man sich verstärkt Gedanken um die Rahmenbedingungen, unter denen die Güter produziert werden. Man interessiert sich also nicht nur für die Eigenschaften der Produkte, sondern untersucht verstärkt die Abläufe, mit denen diese Produkte hergestellt werden. Damit wurde der Qualitätsansatz wesentlich breiter, als dies in der Vergangenheit der Fall war.

Gleichzeitig wurde immer deutlicher, dass die Effizienz zentraler Prüfabteilungen Grenzen hat. Diese zentralen Funktionen führten zu einer Teilung der Verantwortung. Die Mitarbeiter, die die Produkte herstellen, im Dienstleistungsbereich diejenigen, die Dienstleistungen entwickeln, tragen Produktverantwortung und die Prüffunktionen nehmen die Qualitätsverantwortung wahr. Dies hat in vielen Unternehmen dazu geführt, dass die Qualität der hergestellten Produkte erst vor der Auslieferung an den Kunden „erprüft" oder gar erst durch den Kunden festgestellt wurde. Um Fehler früher und damit billiger feststellen zu können, gingen viele Unternehmen nun dazu über, entwicklungs- und herstellungsbegleitende Prüfungen vorzusehen. Oftmals wurden diese jedoch ebenfalls von eigens dafür eingesetzten Mitarbeitern durchgeführt. Zwar konnten nun viele Fehler früher erkannt und beseitigt werden, doch die Teilung der Verantwortung stand einem optimalen Ergebnis immer noch im Wege. Deshalb gehen viele Unternehmen aller Branchen immer mehr dazu über, die Qualitätsverantwortung den Funktionen zu übertragen, die auch Produktverantwortung haben. Damit ist quasi jeder Mitarbeiter für die Qualität seiner eigenen Arbeit verantwortlich.

Ein solches Vorgehen setzt die Existenz definierter und beherrschter Abläufe voraus. Diese Abläufe müssen sich auf den gesamten Lebenszyklus eines Produktes oder einer Dienstleistung beziehen. Es muss also ein System vorhanden sein, das festgelegte Abläufe und Qualitätskriterien sicherstellt, ein Qualitätsmanagementsystem.

Warum ein Qualitätsmanagementsystem nach DIN EN ISO 9000 ff.? 3

Bereits seit dem 1.7.1993 ist die öffentliche Hand europaweit gehalten, Dienstleistungsaufträge dann, wenn Qualitätssicherung notwendig ist, ab einem Auftragsvolumen von mehr als 100 000 Euro nach Möglichkeit nur noch an Unternehmen zu vergeben, die die Konformität zur DIN EN ISO 9001 nachweisen können. Dieser Beschluss hatte Signalwirkung. Inzwischen werden zunehmend auch Ausschreibungen von privaten Nachfragern vom Vorliegen eines entsprechenden Zertifikates abhängig gemacht. Große Firmen wollen nicht nur bei Großprojekten den gesamten Projektumfang durch ein Zertifikat abgesichert wissen. Ist in manchen Branchen im Moment ein Zertifikat nach DIN EN ISO 9001 noch ein Wettbewerbsvorteil, so wird es mittelfristig lediglich die Ausschreibungsbeteiligung des eigenen Unternehmens sicherstellen.

Viele Unternehmen zwingt also der Markt, ein QM-System nach DIN EN ISO 9000 ff. aufzubauen und einzuführen. Neben diesem externen Faktor sind es jedoch häufig auch Überlegungen über die Zukunftssicherung des eigenen Unternehmens, die diesen Prozess auslösen. Studiert man die aktuelle Literatur zu diesem Thema, so stößt man auf Begriffe wie Geschäftsprozessmanagement (GPM), Geschäftsprozessoptimierung (GPO), Total Quality Management (TQM) und andere.

Sehr schnell wird klar, dass zwei Dinge wichtig sind:

- die möglichst optimale Gestaltung und Beschreibung der betrieblichen Abläufe
- die Einbeziehung möglichst aller Mitarbeiter in den betrieblichen Ablauf- und Entscheidungsprozess.

Sobald die generelle Notwendigkeit der Überprüfung und Festschreibung von Abläufen erkannt ist, stellt sich die Frage danach, was geregelt werden sollte und was ungeregelt bleiben kann. Es bestehen beim Aufbau eines QM-Systems zwei Gefahren: Zum einen sollte man vermeiden, in Aktionismus zu verfallen, also alles und jedes beschreiben und regeln zu wollen. Zum anderen werden oftmals sehr schnell „Insellösungen" geschaffen, die nicht miteinander vernetzt sind, also kein umfassendes und einheitliches System darstellen. Beide Gefahren sind dann gegeben, wenn der Aufbau des QM-Systems nicht in geplanter Art und Weise stattfindet.

Hier kann DIN EN ISO 9000 ff. als hervorragendes Hilfsmittel dienen. In dieser Normengruppe sind Forderungen erhoben, die beim Aufbau eines QM-Systems unterstützen. Beispielsweise werden die Abläufe im Unternehmen angegeben, die in geregelter und damit beherrschter Art und Weise ablaufen müssen, wenn man ein entsprechendes Zertifikat erhalten möchte. Ein Vertreter eines großen deutschen Unternehmens sagte über die DIN EN ISO 9000 ff. sinngemäß, sie regle ja lediglich ein Minimum dessen, was in einem gut geführten Unternehmen geregelt sein müsse.

DIN EN ISO 9000 ff. ist also ein Mittel zur Schaffung einer einheitlichen Basis im Unternehmen. Von dieser Basis aus kann das Unternehmen dann weiterwachsen in Richtung auf eine Total-Quality-Management-Philosophie (TQM). Orientiert man sich beim Systemaufbau lediglich am zu erringenden Zertifikat, so wird tatsächlich nur ein notwendiges und sinnvolles Minimum an Abläufen geregelt. Darüber hinaus jedoch bietet die DIN EN ISO 9000 ff. eine Vielzahl von Anregungen darüber, wie man sein Unternehmen sinnvoll organisieren und steuern kann.

Der Gefahr eines ungeplanten und damit eher zufälligen Vorgehens beim Systemaufbau wird bei DIN EN ISO 9000 ff. mehrfach gegengesteuert. Zum einen verlangt die Norm die Festlegung der für das Unternehmen wichtigen Prozesse sowie eine Klärung des Zusammenspiels dieser Prozesse. Die Beschreibung der Prozesse des Unternehmens ergibt dann in Summe eine Beschreibung des Qualitätsmanagementsystems des Unternehmens. Allein durch den Zwang zur Erstellung dieser Prozessdokumentation ergibt sich die Sicherheit, dass ein einheitliches, abgerundetes und umfassendes System aufgebaut wird. Zum anderen wird das System durch externe Personen überprüft. Auch dies zwingt zu einer im gesamten Unternehmen einheitlichen Vorgehensweise, denn wie sollte man externen Prüfern ein System erklären, das lediglich aus der Addition von uneinheitlichen Vorgehensweisen besteht?

Selbstverständlich birgt die im Rahmen von DIN EN ISO 9000 ff. notwendige Beschreibung und Optimierung von Abläufen auch Gefahren, die scheinbar in der Norm begründet sind. Auf diese wird im Weiteren noch detailliert eingegangen, doch seien sie trotzdem an dieser Stelle schlagwortartig genannt: Eine große Gefahr ist, dass Abläufe in viel zu detaillierter Form geregelt werden, die Kreativität der Mitarbeiter also eingeschränkt wird. Eine weitere Gefahr besteht darin, dass Abläufe in einer Art beschrieben werden, die gar nicht eingehalten werden kann. Dies geschieht oft dann, wenn diese Ablaufbeschreibungen „am grünen Tisch" erstellt werden. Die dritte Gefahr bei der Beschreibung von Abläufen besteht darin, dass das Hauptaugenmerk nicht auf das Ergebnis des Ablaufes gerichtet wird (Ergebnisorientierung). Dann denkt man sehr schnell in betrieblichen Funktionen und verliert den optimalen und damit kostengünstigen Ablauf aus den Augen (Funktionsorientierung, Abteilungsdenken). Die zweite und vor allem die dritte angegebene Gefahr ist besonders in größeren, arbeitsteilig organisierten Unternehmen gegeben.

Sehr wichtig ist es festzustellen, dass keine dieser Gefahren in der DIN EN ISO 9000 ff. begründet liegt. Die Norm fordert keineswegs eine zu tiefgehende Beschreibung von Abläufen, sie nennt in ihrem Kapitel 7.5 vielmehr sogar Parameter, nach denen der Dokumentationsumfang variieren sollte. Dies sind Fehler, die in der Umsetzung der Norm gemacht werden.

Entwicklung der DIN EN ISO 9000 ff. 4

Meist wird beim Thema Qualitätsmanagement die DIN EN ISO 9000 genannt. Dabei wird diese Bezeichnung mit einer ganzen Reihe von Normen gleichgesetzt. Gemeint ist fast immer die gesamte Normengruppe von der DIN EN ISO 9000, die ihr den Namen gab, bis zur DIN EN ISO 9004.

Die Normengruppe DIN EN ISO 9000 ff. hat ihren Ursprung in der Fertigungsindustrie. Bereits Mitte der 1970er Jahre entstand in Großbritannien der erste Vorläufer, die BS 5750. Damals hatte die Industrie Großbritanniens Absatzprobleme auf dem Weltmarkt. Einer der Hauptgründe für diese Absatzprobleme war die mangelnde Qualität der Produkte. Deshalb entwickelte man eine Norm, die dafür sorgen sollte, dass britische Güter qualitativ besser wurden. Ein weiterer Vorläufer der DIN EN ISO 9000 ff. entstand in der Schweiz, bevor sich dieser Qualitätsansatz auf Europa und die ganze Welt übertrug. Seit 1987 ist die DIN EN ISO 9000 ff. von weltweiter Bedeutung. Inzwischen hat sie in über 160 Ländern der Welt Gültigkeit.

Der Ursprung der Norm in Großbritannien ist der Grund dafür, dass hier zu Beginn mehr Unternehmen als in Deutschland ein entsprechendes Zertifikat vorweisen konnten. Andere Länder holten jedoch stark auf. Auch in Japan ist die DIN EN ISO 9000 ff. mittlerweile von großer Bedeutung.

Die Norm DIN EN ISO 9000 ff. hat für Unternehmen aller Größen und Branchen Gültigkeit. Ihre Herkunft aus der Fertigungsindustrie wird jedoch beim Lesen der Normtexte noch immer deutlich. Eben diese Herkunft erschwert die Umsetzung der Normforderungen auf andere Branchen, wie z. B. Softwareentwicklung oder Dienstleistungen.

Weiter existierte bis zum Jahr 2000 eine große Anzahl von Normen innerhalb der 9000er Familie. Das gesamte Normenwerk umfasste ca. 1 000 Seiten, was die Anwendung nicht eben erleichterte.

Die genannten Probleme führten dazu, dass die Normengruppe zum Dezember 2000 komplett überarbeitet wurde. Seit damals blieben, wenn man von Thema Auditierung absieht, lediglich drei Normen übrig und diese wurden hinsichtlich ihrer Verständlichkeit deutlich verbessert.

Die seit November 2015 gültige Version der Norm DIN EN ISO 9001 ist weiter die Basis einer Zertifizierung. Sie übernahm von der Vorgängerversion inhaltlich eigentlich alles, fügte aber weitere Forderungen hinzu:

- Wissensmanagement
- Chancen- und Risikomanagement

- Verstärkung der Prozessorientierung
- Verstärkung der Rolle der obersten Leitung
- Orientierung am Kontext des Unternehmens
- Orientierung an den Erwartungen interessierter Parteien.

Was will die DIN EN ISO 9000 ff. erreichen? 5

Grundsätzliches Anliegen der Normengruppe DIN EN ISO 9000 ff. ist es, das Verhältnis zwischen Unternehmen und Kunde zu regeln. Dabei werden keine festen Vorgaben gemacht, wie das sonst bei Normen sehr häufig der Fall ist, sondern es werden die Bereiche genannt, die im Rahmen des QM-Systems geregelt sein müssen. Wie die Unternehmen diese Bereiche dann regeln, bleibt ihnen weitgehend selbst überlassen. Selbstverständlich gibt es gewisse Minimalanforderungen, die erfüllt sein müssen. Die DIN EN ISO 9000 ff. gibt also einen Rahmen vor, innerhalb dessen die Unternehmen ihr eigenes System aufbauen.

Um der DIN EN ISO 9000 ff. gerecht zu werden, müssen im Unternehmen eine Ablauforganisation (beschriebene und beherrschte Abläufe) und eine Aufbauorganisation (definierte und beschriebene Aufgaben und Verantwortlichkeiten) bestehen. Weiter muss ein geplantes Vorgehen zur Erreichung kontinuierlicher Verbesserung vorhanden sein.

Die Zielrichtung der Norm ist die möglichst frühzeitige Vermeidung von Fehlern anstatt der späteren, wesentlich teureren Behebung. Bei der Untersuchung, Festlegung und Beschreibung der betrieblichen Abläufe und durch die damit zusammenhängende Festschreibung der Verantwortlichkeiten werden diese Abläufe optimiert und damit möglichst kostengünstig gestaltet. Fehler sollen frühzeitig erkannt und Nacharbeitsschleifen, die aus nicht optimal ablaufenden Prozessen resultieren, eliminiert werden.

Im Bereich der Dienstleistungen sind darüber hinaus zwei wichtige Gesichtspunkte zu beachten, die von der Norm aufgegriffen werden: Zunächst ist die Qualität von Dienstleistungen sehr wesentlich von Qualifikation und Motivation der erbringenden Mitarbeiter abhängig. Weiter besteht bei Dienstleistungen die Gefahr, dass die Qualität erst vom Kunden gemessen wird, der Kunde also zum „Versuchskaninchen“ für die eigene Dienstleistungsqualität gemacht wird. Der Grund für diese Gefahr liegt in der Tatsache begründet, dass es bei Dienstleistungen manchmal schwierig ist, die Qualität der erbrachten Leistung im Vorfeld zu messen. Beide Punkte werden von der Norm adressiert, indem sie entsprechende Forderungen erhebt.

Als Fazit kann gesagt werden, dass die DIN EN ISO 9000 ff. zwar in erster Linie die Schnittstelle zwischen eigenem Unternehmen und Kunde regeln will. Darüber hinaus gibt insbesondere die Norm DIN EN ISO 9004 jedoch eine Vielzahl von Anregungen, die ein Unternehmen bei der Zukunftssicherung unterstützen. Wenn sich ein solches Unternehmen nicht in erster Linie von der Erreichung des begehrten Zertifikates leiten lässt, sondern anhand dieser Anregungen der Norm ein QM-System aufbaut, das es in Richtung Zukunftssicherung einen wesentlichen Schritt weiterbringen soll, so wird das Zertifikat als „Nebenprodukt“, manche sagen sogar „Abfallprodukt“, anfallen.

Struktur der DIN EN ISO 9000 ff. 6

Ist von DIN EN ISO 9000 die Rede, so wird dieser Begriff, wie bereits erwähnt, meist gleichgesetzt mit der ganzen Reihe der Normen.

Die Normengruppe DIN EN ISO 9000 ff. wird aus folgenden Einzelnormen gebildet:

- DIN EN ISO 9000 Qualitätsmanagementsysteme – Grundlagen und Begriffe
- DIN EN ISO 9001 Qualitätsmanagementsysteme – Anforderungen
- DIN EN ISO 9004 Leiten und Lenken für den nachhaltigen Erfolg einer Organisation – ein Qualitätsmanagementansatz

Dabei stellt die Norm DIN EN ISO 9000, die der Normengruppe den Namen gab, grundlegende Überlegungen zum Thema Qualitätsmanagement an. Hier wird beispielsweise darüber reflektiert, wie die Notwendigkeit für die Einrichtung eines QM-Systems im Unternehmen zu begründen ist. Viele wertvolle weitere Ausführungen sind in der genannten Norm vorhanden.

Innerhalb der genannten Norm werden die sieben Grundsätze des Qualitätsmanagements genannt:

1. Kundenorientierung als Basis eines QM-Systems
2. Führung als das Schaffen von Rahmenbedingungen, die Qualität möglich machen
3. Engagement der Personen als wesentliches Führungsprinzip des Qualitätsmanagements
4. prozessorientierter Ansatz als klares Bekenntnis zum Prozessmanagement
5. ständige Verbesserung als permanentes Ziel
6. faktengestützte Entscheidungsfindung als Bekenntnis zu Entscheidungen aufgrund von Zahlen, Daten und Fakten
7. Beziehungsmanagement als Erkenntnis, dass eine Organisation sehr wesentlich auch von ihren Netzwerkpartnern abhängt.

Der zweite wesentlich Teil der Norm DIN EN ISO 9000 besteht in einem Kapitel, in dem alle denkbaren Begriffe des Qualitätsmanagements definiert werden. An dieser Stelle kann der Leser lediglich aufgefordert werden, dann hier nachzulesen, wenn er eine Definition für einen Begriff benötigt.

Die Norm DIN EN ISO 9001 ist überschrieben mit dem Begriff „Anforderungen“ und stellt die sogenannte Nachweisstufe dar für den Fall, dass ein Unternehmen sein Qualitätsmanagementsystem zertifizieren lassen will. Die Nachweisstufe ist also Basis für die Überprüfung des QM-Systems durch die Zertifizierungsgesellschaften. Diese überprüfen durch Audits und anhand der Unterlagen, ob die Normforderungen der DIN EN ISO 9001 eingehalten sind. Deshalb ist ein Unternehmen auch immer nach DIN EN ISO 9001 zertifiziert. Ein Zertifikat, das die DIN EN ISO 9000 oder 9004 als Nachweisstufe nennt, gibt es nicht.

Die dritte Norm, DIN EN ISO 9004, geht in ihren Ausführungen wesentlich weiter als die Nachweisstufe DIN EN ISO 9001. Man könnte mit Fug und Recht sagen, dass die genannte Norm die Weiterentwicklung eines 9001-konformen QM-Systems in Richtung Total Quality Management zum Inhalt hat. Wichtig ist es, auf den Titel hinzuweisen: Die Norm ist überschrieben mit: Leiten und Lenken für den nachhaltigen Erfolg einer Organisation – ein Qualitätsmanagementansatz. Alleine daran wird schon sehr deutlich, dass der Anspruch der Norm DIN EN ISO 9004 ein wesentlich breiterer ist. Mehr dazu ist in Kapitel 10 nachzulesen.

Als Fazit bleibt festzuhalten, dass für Unternehmen des Dienstleistungssektors beim Aufbau eines QM-Systems nach DIN EN ISO 9000 ff. alle genannten Normen wichtig sind. Dabei kann das Studium der DIN EN ISO 9004 etwas später stattfinden als das der beiden anderen Normen. Man könnte sagen: Die DIN EN ISO 9004 hilft Unternehmen nach einer Zertifizierung bei der Weiterentwicklung in Richtung Total Quality Management (TQM) (s. Abb. 1).

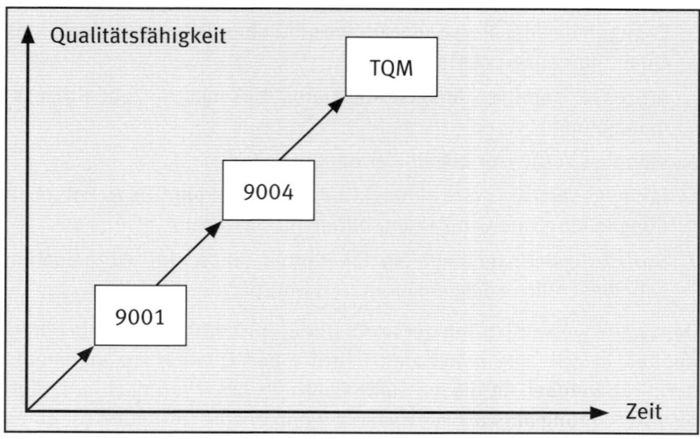

Abb. 1: Zusammenhang der Qualitätsmodelle DIN EN ISO 9001, DIN EN ISO 9004 und TQM

7 Änderungen der Norm DIN EN ISO 9001 Version 2015 gegenüber Version 2008

Die Version 2015 der Norm DIN EN ISO 9001 beinhaltet gegenüber der Version 2008 wesentliche Veränderungen. Explizit fallen 2 Forderungen weg, nämlich:

1. Die Norm fordert nicht länger die Existenz eines Beauftragten der obersten Leitung (BoL) für die Belange des QM-Systems.

Hier lässt die neue Norm den Unternehmen mehr Gestaltungsspielraum gegenüber früher. Die inhaltlichen Aspekte der BoL-Stelle sind aber allesamt weiter in der Norm gefordert und explizit in die Verantwortung der obersten Leitung gelegt. Damit möchte die Norm verhindern, dass die Geschäftsführungen das Thema QM „wegdelegieren". Den Geschäftsführungen wird selbstverständlich in der neuen DIN EN ISO 9001 die Möglichkeit eingeräumt, die QM-Aktivitäten in die Verantwortung von Mitarbeitern zu legen. Es wäre ja auch kaum vorstellbar, dass der Geschäftsführer eines großen Unternehmens interne Audits selbst durchführt, die Prozessdokumentation selbst a jour hält etc. De facto wird damit das klare Signal gesetzt: QM ist Führungsverantwortung und es wird von der Leitung eine aktive Rolle in diesem Thema erwartet.

2. Die Norm fordert nicht länger die Existenz eines Qualitätsmanagementhandbuches.

Mit dem Wegfallen der Forderung nach der Existenz eines QM-Handbuches wird die Norm einerseits der Wirklichkeit der Unternehmen gerecht, in denen die wichtigen Festlegungen in den Beschreibungen der Geschäftsprozesse vorhanden sind und eben nicht in einer oberflächlichen Unterlage, die QM-Handbuch heißt. Andererseits nimmt die Norm auf, dass moderne QM-Systeme IT-gestützt dokumentiert sind und eben nicht mehr in Form von Handbüchern.

Die wesentlichen Erweiterungen der DIN EN ISO 9001:2015 gegenüber der Vorgängerversion sind wie bereits erwähnt:

- Wissensmanagement
- Chancen- und Risikomanagement
- Verstärkung der Verantwortung der Leitung
- Verstärkungen des prozessorientierten Ansatzes
- Orientierung am Kontext des Unternehmens
- Orientierung an den Erwartungen interessierter Parteien.

7.1 Wissensmanagement

Die Norm DIN EN ISO 9001 will die Unternehmen dabei unterstützen, sich ihres Wertes bewusst zu sein. Ein Unternehmen des produzierenden Gewerbes verfügt über Fertigungs-Know-how, u. U. über Patente und sonstige Wissensressourcen. Was aber sind die wesentlichen Ressourcen eines Dienstleistungsunternehmens? Da ist zunächst das Wissen in den Köpfen der Mitarbeiter zu nennen. Es ist ein Kennzeichen der Dienstleistungsbranche, dass die Qualität der Dienstleistungen wesentlich von der Qualifikation und Motivation der Mitarbeiter abhängt. So ist die Qualität eines Seminars beispielsweise eindeutig abhängig von der fachlichen und methodisch-didaktischen Qualifikation des Dozenten. Dieser Zusammenhang ist in produzierenden Unternehmen nicht so stark wie in Dienstleistungsunternehmen, da hier in der Regel ein hoher Mechanisierungsgrad dafür sorgt, dass der Einfluss des Faktors Mensch auf die Qualität weniger stark ist.

An das Wissen in den Köpfen der Mitarbeiter kommt ein Unternehmen nur heran, wenn die Mitarbeiter „mitspielen", also bereit sind, ihr Wissen dem Unternehmen verfügbar zu machen. Diese Bereitschaft hängt sicherlich sehr stark von der Zufriedenheit der Mitarbeiter mit ihrem Unternehmen ab. Damit ist die Mitarbeiterzufriedenheit der Erfolgsfaktor, der darüber entscheidet, ob ein Unternehmen sich diese Wissensressource wirklich erschließen kann. Ist diese einigermaßen gegeben, ist die Frage zu stellen: Wie geht man vor?

Die Wissensressource Mitarbeiterqualifikation besteht aus mehreren Komponenten: Zunächst verfügen die Mitarbeiter über Formalqualifikationen, also z. B. über einen Hochschulabschluss in Pädagogik oder eine Facharbeiterqualifikation zum Gebäudereiniger. Diese Formalqualifikationen sind normalerweise in den Personalakten dokumentiert, ggf. auch in Stellenbeschreibungen oder Ähnlichem. Darüber hinaus verfügt jeder Mensch über zusätzlich erworbenes Wissen, z. B. die Fähigkeit, eine Fremdsprache zu sprechen oder das Schiedsrichterwesen eines Handballverbandes zu organisieren. An dieses Wissen, so es für die Organisation von Interesse ist, kann man als Unternehmen herankommen, indem man es zunächst erfasst. Es könnte in Form von Mitarbeiterjahresgesprächen erfasst und aktualisiert und dann in eine Qualifikationsdatenbank (in der einfachsten Form eine EXCEL-Liste) gegeben werden, um im Bedarfsfall als Information verfügbar zu sein. Dies setzt jedoch voraus, dass die mitbestimmenden Gremien damit einverstanden sind.

Eine weitere Betrachtungsebene des Wissensmanagements stellt das Thema Personalentwicklung dar. Wenn ein Unternehmen einen Mitarbeiter zu einer Personalentwicklungsmaßnahme schickt, dann doch im Regelfall, weil ein bestimmter Wissensbedarf vorhanden ist. Dann muss es aber auch im Interesse des Unternehmens sein, hinterher zu erfahren:

- Was hat der Mitarbeiter gelernt?
- Wie gut war die Personalentwicklungsmaßnahme?
- Wie kann das Unternehmen das vom Mitarbeiter Gelernte nutzen?
- Welche Unterlagen kann der Mitarbeiter zur Verfügung stellen?
- Wer im Unternehmen müsste das Gelernte ebenfalls brauchen?

Diese Informationen kann man von dem entsprechenden Mitarbeiter nach Absolvieren der PE-Maßnahme in Form eines PE-Berichtes abfordern und die entstehenden PE-Berichte in einer entsprechenden „Wissensdatenbank" verankern.

Gerade in der heutigen Zeit des demografischen Wandels sollte ein Unternehmen beobachten, welche Mitarbeiter in absehbarer Zukunft das Unternehmen altershalber verlassen werden, um frühzeitig Nachfolgeregelungen organisieren zu können.

Selbstverständlich verfügt ein Dienstleistungsunternehmen immer auch über „Fertigungs-Know-how" und über schützenswerte Produkte. Das „Fertigungs-Know-how" ist in vielen Dienstleistungsunternehmen in den Prozessen und damit in den Prozessbeschreibungen verankert. Beispielsweise wird ein Seminaranbieter über einen Prozess zu Seminarentwicklung verfügen. Dann gehört der Inhalt einer entsprechenden Prozessbeschreibung selbstverständlich zum Wissen des Unternehmens.

Eine letzte Facette des Wissensmanagements stellen die Produkte eines Dienstleistungsunternehmens dar. Es handelt sich hierbei um Spezifizierungen von Dienstleistungen, die immer wieder für Kunden erbracht werden. Beispielsweise sind hier die Seminarkonzepte eines Bildungsanbieters zu nennen. Diese wurden irgendwann entwickelt und stehen nun als Konzepte jederzeit für die Durchführung der Seminare bei beliebigen Kunden zur Verfügung. Solche Produkte sollten selbstverständlich geschützt und möglichst oft für die Kunden durchgeführt werden. Damit ist die „Produktdatenbank" des Dienstleisters die letzte Facette des Wissensmanagements.

7.2 Chancen- und Risikomanagement

Die neue Norm DIN EN ISO 9001:2015 fordert ein Chancen- und Risikomanagement auf mehreren Ebenen:

- Chancen- und Risikomanagement bzgl. der Organisation (organisationales Chancen- und Risikomanagement)

- Chancen- und Risikomanagement bzgl. der Produkte
- Chancen- und Risikomanagement bzgl. der Prozesse
- Chancen- und Risikomanagement bzgl. der Kundenzufriedenheit.

Zunächst muss sich ein Unternehmen auch im Dienstleistungsbereich die Frage stellen, mit welchen Chancen und Risiken es sich u. U. befassen muss. Es muss also auf allen Ebenen der Organisation die Frage beantwortet werden, welche Chancen und Risiken den Erfolg des jeweiligen Unternehmens beeinflussen können (organisationales Chancen- und Risikomanagement). Es sollte also einerseits eine Gesamtunternehmensbetrachtung der Chancen und Risiken erfolgen. Dies ist sicherlich eine Aufgabe der Geschäftsführung. Sinnvoll ist es, ab einer gewissen Unternehmensgröße in den einzelnen Organisationsbereichen oder Standorten eine spezifische Betrachtung der Chancen und Risiken vorzunehmen. Am Beispiel einer überregional tätigen Bildungsorganisation, die ihr Geschäft in 4 Regionen und innerhalb der Regionen an einzelnen Standorten betreibt: Die Region 1 ist vielleicht stark abhängig von Umsätzen mit 2 Großkunden, während Region 2 eine vergleichsweise „überalterte“ Belegschaft hat. Region 3 ist sehr stark abhängig von Aufträgen der Agentur für Arbeit und der Jobcenter. Dann müsste man selbstverständlich in den Regionen unterschiedliche Maßnahmen zum Umgang mit den erkannten Risiken treffen. Solche Unterschiede könnten auch hinsichtlich der Chancen und Risiken der einzelnen Standorte vorhanden sein. Dann müsste man sogar ein standortspezifisches Chancen- und Risikomanagement betreiben. Das organisationale Chancen- und Risikomanagement ist also sinnvollerweise an der organisationalen Struktur des Unternehmens auszurichten.

Chancen- und Risikomanagement hinsichtlich der Produkte möchte die Frage beantworten, mit welchen Produkten irgendwelche Chancen eingegangen werden, bzw. welche Chancen man mit diesen Produkten hat. Die Seite der Risiken ist bei Dienstleistungsunternehmen weniger bedeutsam als beim produzierenden Gewerbe. Hier ist die Gefahr, dass es durch die Produkte zu irgendwelchen Schäden kommen kann, weniger groß, allerdings nicht zu vernachlässigen. Ein Unternehmensberatungsunternehmen könnte von einem Kunden für Fehlberatungen durchaus in Regress genommen werden. Die Seite der Chancen ist zu beleuchten, indem man sich die Frage stellt, welche zusätzlichen Marktchancen man mit den entweder bereits bestehenden oder in irgendeiner Form umzuarbeitenden Produkten hat. Verfügt ein Dienstleistungsunternehmen über eine Produktmanagementstruktur, so ist das Chancen- und Risikomanagement bzgl. der Produkte in dieser richtig angesiedelt.

Chancen- und Risikomanagement bzgl. der Prozesse ist für produzierende Unternehmen von großer Bedeutung. Hier ist die Frage zu erörtern, welche Risiken von den Prozessen ausgehen, bzw. welche Chancen diese Prozesse bieten. Auf der Seite der Risiken ist natürlich an die Umweltauswirkungen der eigenen Produktionsprozesse zu denken. Auf der Seite der Chancen könnten Kostenvorteile bei modifizierten Produktionsprozessen stehen. Bei Dienstleistungsunternehmen sind die Risiken bzgl. der Prozesse anders zu betrachten. Es sind die Prozesse zu identifizieren, die irgendwelche Auswirkungen auf Umwelt oder Mensch haben könnten. Am Beispiel eines Gebäudereinigungsunternehmens könnten das Gesundheitsrisiken durch Reinigungsmittel oder aber Verletzungsrisiken für das Personal sein. Verfügt ein Unternehmen über klare Verantwortungen hinsichtlich seiner Prozesse, was nach neuer Norm DIN EN ISO 9001 eigentlich erfüllt sein müsste, dann ist das Chancen- und Risikomanagement hinsichtlich der Prozesse bei den Prozesseignern richtig angesiedelt.

Beim Chancen- und Risikomanagement hinsichtlich der Kundenzufriedenheit und der Zufriedenheit interessierter Parteien ist die Frage zu beantworten, von welchen Faktoren diese Zufriedenheit abhängt. Beispielsweise wird ein Seminaranbieter potenzielle Kunden irgendwann unzufrieden machen, wenn angebotene Seminare in schöner Regelmäßigkeit wegen fehlender Anmeldungen abgesagt werden (Mindestteilnehmerzahl nicht erreicht). Dann sollte dieser Seminaranbieter Wege finden, um in wirtschaftlicher Form auch Kleingruppenseminare zu ermöglichen. An diesem Beispiel wird deutlich, dass das Chancen- und Risikomanagement bzgl. der Kundenzufriedenheit eine profunde Kenntnis der Kundenerwartungen voraussetzt.

Verstärkung der Verantwortung der Leitung 7.3

Die Norm DIN EN ISO 9001 forderte bis zur Version 2015 das Vorhandensein eines Beauftragten der obersten Leitung für die Belange des QM-Systems. Dieser musste Mitglied des Führungskreises sein, um dem QM auch hierarchisch einen wichtigen Stellenwert zu geben. In der Praxis sah das dann häufig so aus, dass man eine Stabsstelle QM bildete, die der Geschäftsführung direkt zugeordnet war. De facto gab und gibt es viele Unternehmen, bei denen die Führungskräfte das Unternehmen führen und QM vom QM-Beauftragten parallel betrieben wurde. Die Verantwortung für das QM-System wurde also oft einfach delegiert.

Die neue DIN EN ISO 9001 will damit Schluss machen, indem sie die Verantwortung für das QM-System eindeutig der obersten Leitung zuweist. Da jedoch in der Praxis ab einer gewissen Unternehmensgröße kaum vorstellbar ist, dass die Geschäftsführung operativ selbst die QM-Aktivitäten betreibt, wie z.B. Beschwerdemanagement, interne Auditierung, Bereitstellung der notwendigen dokumentierten Information ..., lässt auch die neue Norm die Delegation dieser operativen QM-Aufgaben zu. Es wird also auch in Zukunft in den Unternehmen jemanden geben, der für diese Dinge die Verantwortung trägt. Wie sich diese klare Verantwortungszuweisung für das Qualitätsmanagement an die Führung in der Praxis darstellen wird, wird sicherlich in der Zukunft interessant zu beobachten sein.

7.4 Verstärkung des prozessorientierten Ansatzes

Seit der Version 2000 fordert die Norm DIN EN ISO 9001 eine prozessuale Betrachtungsweise bei der Gestaltung eines QM-Systems. In der jetzt vorliegenden Version ist dieser prozessuale Ansatz gegenüber den Vorgängerversionen deutlich verstärkt worden (explizit Normkapitel 4.4). Man könnte sagen, dass ein Unternehmen die Summe seiner Prozesse im Zusammenspiel mit den Menschen im Unternehmen ist.

Wenn man diesen Ansatz konsequent umsetzt, dann kann es eigentlich nicht mehr sein, dass QM-Dokumentationen erarbeitet werden, die sich in ihrer Struktur an der Kapiteleinteilung der Norm DIN EN ISO 9001 orientieren. Gerade Dienstleistungsunternehmen taten sich in der Vergangenheit in vielen Fällen schwer, ein wirkliches Geschäftsprozessmanagement zu betreiben. Siehe hierzu auch die Inhalte des Kapitels 8 des vorliegenden Buches.

7.5 Orientierung am Kontext des Unternehmens

Die bisherigen Versionen der Norm DIN EN ISO 9001 legten den Unternehmen die Orientierung am Kunden auf, sie mussten eine Kundenorientierung betreiben. Die neue Norm verlangt eine Orientierung am Kontext des Unternehmens, also eine wesentlich breitere Betrachtung als bisher. Man kann also künftig eine Zertifizierung nur erreichen, wenn man als Unternehmen sein Umfeld breit ausleuchtet. Natürlich gehört dazu auch weiter der Markt, auf dem sich das Unternehmen tummelt. Es gehört aber auch die Frage dazu, was sonst noch Einflüsse sind, die auf das Unternehmen wirken. Im Moment sind z.B. viele Unternehmen mit den Auswirkungen des demografischen Wandels konfrontiert. Dies müsste in eine Umfeldbetrachtung ebenso einfließen wie die Auswirkungen der Zuwanderung etc. Die von der Norm geforderte Umfeldbetrachtung sollte im Unternehmen genutzt werden, um eine Zukunftsausrichtung zu gewährleisten.

Selbstverständlich kann die Orientierung am Kontext des Unternehmens nicht in Form einer Momentaufnahme sein und die gewonnenen Erkenntnisse dann bis in alle Ewigkeit unverändert bleiben. Diese Erkenntnisse müssen regelmäßig überprüft und verändert werden und selbstverständlich muss etwas daraus resultieren.

Orientierung an den Erwartungen interessierter Parteien 7.6

Bis zum Jahr 2015 verlangte die Norm DIN EN ISO 9001 die Orientierung an den Erwartungen der Kunden. Die neue Norm verlangt von den Unternehmen die Orientierung an den Erwartungen interessierter Parteien, also auch hier ein deutlich breiterer Ansatz gegenüber früher. Eine Beachtung der Erwartungen interessierter Parteien setzt voraus, dass ein Unternehmen zunächst die relevanten interessierten Parteien identifiziert. Dazu gehören sicherlich die Anteilseigner und die Mitarbeiter, aber auch die Gemeinde, in der das Unternehmen angesiedelt ist, bei großen Unternehmen die gesamte Gesellschaft.

Selbstverständlich erwartet die DIN EN ISO 9001 nicht, dass man allen Erwartungen interessierter Parteien nachkommt, dies könnte im Extremfall zur Aufgabe des Unternehmens führen. Die Norm verlangt aber schon, dass ein Unternehmen sich Gedanken macht, was von ihm erwartet wird, und dass man dann festlegt, wie man sich gegenüber diesen Erwartungen positioniert.

Auch hier kann die Ermittlung der Erwartungen nicht in Form einer Momentaufnahme erfolgen, auch hier ist eine regelmäßige Überprüfung und Veränderung gefragt.

Basis des Qualitätsmanagementsystems: Die betrieblichen Prozesse 8

Es wurde bereits ausgesagt, dass als Herzstück eines QM-Systems das System der betrieblichen Prozesse zu gelten hat. Dies wird in den Normen unter dem Grundsatz des „prozessorientierten Ansatzes“ (s. Abb. 2) verdeutlicht.

Das Modell verdeutlicht, wenn man so sagen will, die Philosophie des Qualitätsmanagements nach DIN EN ISO 9001: Es soll aussagen, dass die Prozessstruktur das Kernstück des Qualitätsmanagementsystems darstellt. Weiterhin wird deutlich, dass Unternehmensführung anhand von Prozessen und damit Qualitätsmanagement quasi in zwei Dimensionen zu sehen ist: Zunächst ist eine **vertikale** Betrachtungsweise anzuwenden, indem die Führung eines Unternehmens ihrer Verantwortung bezüglich der strategischen und operativen Ausrichtung des Unternehmens gerecht werden muss.

Aus der Ausrichtung folgt zwingend und ebenfalls in der Verantwortung der Führung die Bereitstellung angemessener Mittel, angemessenen Personals etc., um die formulierten Ziele überhaupt erreichen zu können.

In der dritten Stufe ist die Führung dafür verantwortlich, dass die operativen Prozesse in beherrschter Form ablaufen, um die gewünschten Ergebnisse zu erzielen.

Als vierte Verantwortlichkeit bei dieser „Führungsbetrachtung“ folgen die Auswertung der erzielten Ergebnisse und die darauf folgende Verbesserung für den nächsten Zyklus.

Die zweite Dimension, die bei dem abgebildeten Prozessmodell deutlich wird, ist die der **horizontalen** oder operativen Betrachtung. Hier wird die Aktivität der eigenen Organisation durch die Wünsche und Anforderungen der Kunden angestoßen und läuft dann unter kontrollierten Bedingungen ab. Das Prozessergebnis wird an den externen Kunden ausgeliefert und der Erfolg wird gemessen.

Das Zusammenspiel der beiden angesprochenen Betrachtungsebenen wird durch einen Regelkreis verdeutlicht, der festlegen soll, dass sich beide Dimensionen ständig gegenseitig beeinflussen und verbessern. Weiter folgt die angesprochene Kreisdarstellung dem Demingzyklus, mit den bekannten Stadien „plan – do – check – act“. Dies soll verdeutlichen, dass bei allen Aktivitäten, operativen oder Führungsaktivitäten, dies in geplanter Form geschehen soll, dass die Umsetzung beobachtet wird, der Erfolg gemessen und für das nächste Mal Verbesserungen festgelegt werden müssen.

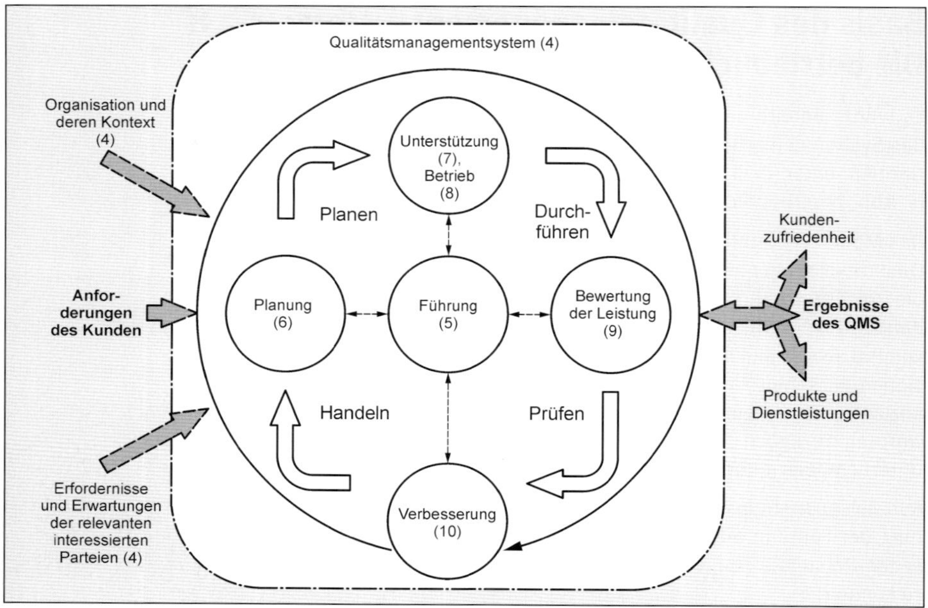

Abb. 2: Prozessmodell des Qualitätsmanagements nach DIN EN ISO 9000 ff.

Damit ist deutlich geworden, dass es unsinnig ist, Qualitätsmanagement zu betreiben, ohne gleichzeitig Geschäftsprozessmanagement umzusetzen. Die Gestaltung von Produktionsprozessen ist bereits seit langer Zeit Gegenstand der Verbesserungsbemühungen in Unternehmen. Hier ist greifbar, dass die nicht optimale Gestaltung hohe Kosten verursacht: für verschwendetes Material, zu lange Durchlaufzeiten, zu hohe Fehlerraten etc. Erst seit Ende der Achtzigerjahre des 20. Jahrhunderts werden auch Nicht-Produktionsprozesse unter diesen Gesichtspunkten untersucht. Es steckt ein sehr großes Verbesserungspotenzial in den heutigen Unternehmen in der besseren Gestaltung der administrativen Abläufe.

Gerade in diesem Bereich liegen jedoch noch wenige wirklich eindeutige Erkenntnisse vor. Es gibt einzelne Unternehmen, die ihre Geschäftsprozesse bereits untersucht und verbessert haben. Die hier beschriebene Methode ist in der Praxis eines Großunternehmens entstanden und wurde in der Beratung kleinerer Unternehmen verfeinert und bestätigt.

Bevor die Methodik des Geschäftsprozessmanagements Gegenstand der Ausführungen sein kann, müssen zunächst einige Begriffe geklärt und definiert werden.

Gegenstand des Geschäftsprozessmanagements ist das Steuern und Verbessern von **Prozessen**. Deshalb zunächst eine Definition des Begriffs **Prozess**:

Ein Prozess ist eine Serie von Handlungen, Tätigkeiten oder Verrichtungen mit einer messbaren Eingabe (Input), einer messbaren Verarbeitung und einer messbaren Ausgabe (Output) in einer sich wiederholenden Folge.

Mit dieser Definition sind alle sich wiederholenden Aktivitätenfolgen als Prozess zu bezeichnen. Hieraus zu schließen, alle die im Unternehmen vorhandenen Prozesse bis hin zu dem des Kaffeekochens seien nun mit der Methode des GPM zu behandeln, ist selbstverständlich nicht richtig. Deshalb sollen nun einige weitere Begriffe festgelegt werden.

Ein **Haupt-, Kern- oder Wertschöpfungsprozess** liegt dann vor, wenn er sein Ergebnis an einen externen Kunden liefert. Man könnte auch sagen: Wertschöpfungsprozesse begleiten ein Produkt oder eine Dienstleistung von der Wiege bis zur Bahre. Diese Prozesse sind selbstverständlich im Geschäftsprozessmanagement zu betrachten.

Weil Wertschöpfungsprozesse aus einer Vielzahl von Prozessaktivitäten bestehen, unterteilt man sie in **Sub- oder Teilprozesse**. Ein **Sub- oder Teilprozess** ist ein Teil eines Hauptprozesses, dessen Prozessaktivitäten logisch geschlossen sind. Sehr häufig werden Prozesse in Subprozesse eingeteilt, wenn die Prozessdurchführung über Organisationsgrenzen wechselt.

Von einem **Support- oder Stützprozess** redet man dann, wenn ein Prozess von einem Hauptprozess angestoßen wird und/oder er sein Ergebnis an einen Hauptprozess liefert. Ein klassischer Supportprozess ist die Beschaffung von Produkten und Dienstleistungen, die dann beispielsweise in der Dienstleistungserbringung benötigt werden.

Weiter gibt es die **Führungsprozesse**. Dies sind alle Führungsaktivitäten eines Unternehmens. Beispielhaft könnte hier der Prozess zur Personalentwicklung genannt werden.

Die oben genannten Prozessarten existieren in jedem Unternehmen, gleich welcher Größe oder Branche. Die Methodik des Geschäftsprozessmanagements beruht auf vier Prinzipien:

1. Kunden-/Lieferanten-Prinzip
2. Prinzip des Denkens in Wertschöpfungs- und Wirkungszusammenhängen
3. Prinzip der kontinuierlichen Verbesserung
4. Prinzip der Nutzung des Wissens der Mitarbeiter.

Kunden-/Lieferanten-Prinzip

In heutigen Unternehmen gelten häufig als Kunden nur die externen Kunden. Dass auch die Zusammenarbeit innerhalb des Unternehmens als Verhältnis zwischen Kunden und Lieferanten gestaltet werden sollte, ist noch recht neu. Das erste Prinzip des GPM ist es, dass jeder im Unternehmen sich als Lieferant sieht und entsprechend mit seinen Kunden umgeht. Gleichzeitig ist er natürlich auch Kunde des Kollegen, mit dessen Ergebnissen er weiterarbeiten muss. Beide Partner müssen wissen,

- wann
- wer
- was
- in welcher Qualität
- von wem

zu erhalten hat, damit vernünftig zusammengearbeitet werden kann. Diese Vereinbarung des zu Liefernden nennt man Leistungsvereinbarung.

Das Kunden-/Lieferanten-Prinzip (s. Abb. 3) gilt zum Beispiel für den Entwickler einer Dienstleistung, der Lieferant desjenigen ist, der diese Dienstleistung erbringen muss. Dies gilt ebenso für den Anforderer eines bestimmten, zu beschaffenden Produktes, der der Lieferant des Einkäufers ist, der die Beschaffung durchführt und dem er das Teil so beschreiben muss, dass dieser ohne Rückfragen und Probleme weiterarbeiten kann. Dies gilt im Unternehmen selbstverständlich nicht nur für Einzelne, sondern ebenso für Funktionen. Es ist Prinzip des GPM, dafür zu sorgen, dass Funktionen möglichst optimal zusammenarbeiten, indem sie sich gegenseitig als Kunden und Lieferanten betrachten.

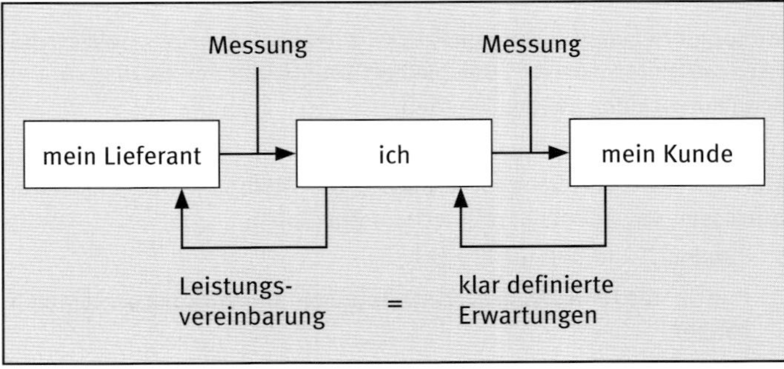

Abb. 3: Das Kunden-/Lieferanten-Prinzip des Geschäftsprozessmanagements

Auch hierzu ein kleines Beispiel: Eine Funktion „Rechnungsschreibung“ kann nur optimal operieren, wenn diejenigen im Unternehmen, die das Schreiben von Rechnungen anstoßen, also zum Beispiel die Vertriebsfunktion, die in Rechnung zu stellenden Produkte zeitgerecht und eindeutig weitermelden. Diese Art der Zusammenarbeit leitet über zu dem zweiten Prinzip des GPM:

Prinzip des Denkens in Wertschöpfungs- und Wirkungszusammenhängen

Etwas griffiger könnte man dieses Prinzip auch so formulieren: Weg vom Funktionsdenken und hin zu einem Ablauf- und Ergebnisdenken. Sehr viele Unternehmen sind heute geprägt von einem Denken in Funktionen, jeder Funktionsleiter gibt sein Bestes, um seinen Verantwortungsbereich möglichst optimal zu organisieren. Obwohl die einzelnen Funktionen sehr gut operieren, arbeiten sie nicht gut zusammen. Jeder denkt nur an seine Interessen, vergisst aber die des anderen (so er sie überhaupt kennt) und die des Gesamtunternehmens. Das Unternehmen zerfällt in kleine „Königtümer“. Hier will GPM dafür sorgen, dass sich die Zusammenarbeit der Funktionen und Menschen verbessert, weil nicht mehr in Abteilungsegoismen, sondern ziel- und ablauforientiert gedacht und gehandelt wird. Eine Anmerkung hierbei ist sehr wichtig: Der überwiegende Teil der heute in einem Unternehmen beschäftigten Menschen hat sich in Jahren und Jahrzehnten das Denken in Funktionen angewöhnt. Deshalb bedeutet gerade diese Änderung des Denkens einen langwierigen Prozess, mit dem sich viele Menschen sehr schwertun (vgl. Abb. 4).

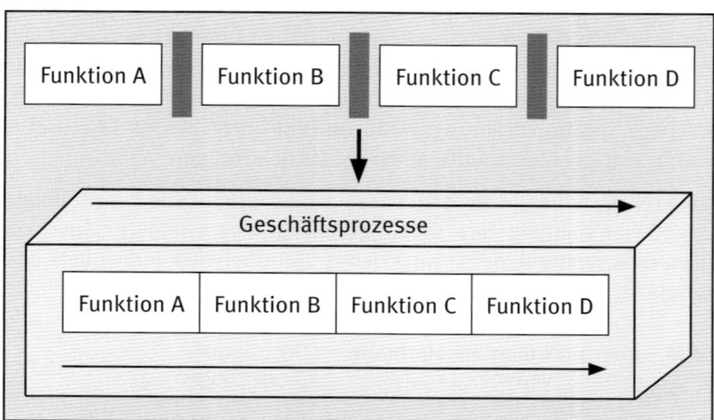

Abb. 4: Das Prinzip des Denkens in Wertschöpfungs- und Wirkungszusammenhängen

Prinzip der kontinuierlichen Verbesserung

Das dritte Prinzip des GPM ist das der kontinuierlichen Prozessverbesserungen. Geschäftsprozessmanagement ist kein einmaliger Vorgang, bei dem eine einmalige Verbesserung durchgeführt und dann festgeschrieben wird. GPM ist eine Führungsmethode, die auf lange Zeit Gültigkeit haben muss und die im Laufe der Zeit zu immer besseren Ergebnissen führt.

Prinzip der Nutzung des Wissens der Mitarbeiter

Das vierte Prinzip des GPM ist die Ermittlung und Nutzung des Wissens der Leute, die tagtäglich die Geschäftsprozesse durchführen; sie sind die wirklichen Spezialisten hinsichtlich der Prozesse und sie kennen die Schwachstellen der Prozessdurchführung aus ihrer alltäglichen Arbeitswirklichkeit. Damit bedingt GPM zwangsläufig die Einbeziehung dieser Leute, also der Mitarbeiter.

Geschäftsprozessmanagement und die Unternehmensgröße

Wenn Methoden des Geschäftsprozessmanagements diskutiert werden, taucht sehr häufig das Argument auf, dies sei nur in großen, arbeitsteilig organisierten Unternehmen von Relevanz. Kleine und mittlere Unternehmen seien so durchschaubar, dass die Prozessstruktur einerseits bekannt, andererseits nicht wesentlich optimierbar sei. Leider zeigt die Erfahrung, dass auch in kleinen und mittleren Unternehmen wegen der fehlenden prozessualen Transparenz viele Reibungsverluste anfallen, weil sehr häufig die Verantwortungen und Befugnisse hier nicht klar geregelt sind. Trotzdem ist dieses Argument nicht ganz von der Hand zu weisen, denn zumindest die Problematik der Schnittstellen ist in kleinen und mittleren Unternehmen nicht von der Bedeutung wie in großen. Da in kleinen Unternehmungen viele Arbeitsschritte in ein und derselben Funktion durchgeführt werden, wechselt die Durchführungsverantwortung nicht oft; es liegen also wesentlich weniger Schnittstellen vor als bei Großunternehmen.

Generell muss betont werden, dass die hier vorhandene Beschreibung den Gesamtumfang des GPM überblicksweise vorstellt. Innerhalb dieses Gesamtumfanges muss jedes Unternehmen individuell entscheiden, welche der Aspekte es umsetzen will.

GPM – Überblick über die Methodik

Im Weiteren findet sich eine Übersicht der Aktivitäten, aus denen die Methodik des Geschäftsprozessmanagements besteht. Die aufgeführten Vorgehensschritte werden nur ausschnittsweise beschrieben.

Um auf die bereits angesprochene Frage der Relevanz dieser Methode für kleine und mittlere Unternehmen zurückzukommen, sei bereits hier eine relativ pauschale Aussage zu dieser Frage gemacht. Auch für kleine und mittlere Unternehmen ist es wichtig, sich über die prozessualen Zusammenhänge im Unternehmen klar zu sein und dieses entsprechend zu steuern. Damit sind von den aufgeführten Aktivitäten mit Sicherheit alle bis zur Aktivität 13 von Bedeutung, also die Schritte 1 bis 13.

Die einzelnen Aktivitäten des GPM lassen sich wie folgt aufführen, die einzelnen Schritte sind sequentiell zu verstehen, sind also in der Reihenfolge zu betrachten:

Schritt	Aktivität
1	Mission des Unternehmens/-bereiches definieren
2	Prozessstruktur festlegen/ermitteln
3	Prozessverantwortliche ernennen
4	Prozess definieren, Prozessteam bilden
5	Mitarbeiter ausbilden
6	Anforderungen der Prozesskunden ermitteln
7	Bestandsaufnahme durchführen
8	Messgrößen festlegen
9	Strukturierungstiefe festlegen
10	Ist-Zustand dokumentieren
11	Prozess freigeben und Umsetzung sicherstellen
12	Daten erfassen und Ziele festlegen
13	Prozess lenken, Verbesserungen realisieren
14	Operative Qualitätskosten erfassen
15	Benchmarking durchführen und Ergebnisse umsetzen
16	Operative Qualitätskosten optimieren
17	Wettbewerbsfähigkeit erreichen/nachweisen

Im Weiteren sollen zu jedem der 17 Schritte einige Worte der Erklärung angegeben werden:

Schritt 1: Mission des Unternehmens/-bereiches definieren
Zunächst soll die Qualitätspolitik dahingehend überprüft werden, ob sie auch die Prozesse des Unternehmens mit abdeckt, ggf. muss sie verändert werden.

Schritt 2: Prozessstruktur festlegen/ermitteln
Nun werden auf oberster Ebene die Prozesse ermittelt, die de facto im Unternehmen ablaufen. Dabei kann man sich an den Produkten des Unternehmens orientieren, denn zur Erstellung eines jeden Produktes müssen Prozesse ablaufen.

Schritt 3: Prozessverantwortliche ernennen
Sind die Prozesse ermittelt, so wird für jeden Prozess ein Verantwortlicher ernannt. Dieser muss die Kompetenz haben, die während des Prozesses durchzuführenden Aktivitäten zu verändern, und trägt die Verantwortung für die Leistung des ihm zugeordneten Prozesses.

Schritt 4: Prozess definieren, Prozessteam bilden
Nun werden die Prozessgrenzen ermittelt, indem innerhalb der einzelnen Prozesse jeweils die erste und die letzte Prozessaktivität ermittelt werden. Diese Informationen sind deshalb wichtig, weil aus ihnen die Schnittstellen des Prozesses hervorgehen. Werden Prozesse von einer großen Anzahl von Mitarbeitern durchgeführt, so wird sich der Prozessverantwortliche bei der Prozessarbeit operativ zuarbeiten lassen. Er wird ein Prozessteam bilden, dessen Leitung er übernimmt.

Schritt 5: Mitarbeiter ausbilden
Sind die Prozessverantwortlichen und die Mitarbeiter der Prozessteams ernannt, so müssen sie in der Thematik des Geschäftsprozessmanagements geschult und ausgebildet werden.

Schritt 6: Anforderungen der Prozesskunden ermitteln
Im vorliegenden Schritt werden zunächst die Kunden ermittelt, die die Prozessergebnisse abnehmen, also weiterbearbeiten. Diese werden dann hinsichtlich ihrer Wünsche und Anforderungen an die Prozessergebnisse befragt.

Schritt 7: Bestandsaufnahme durchführen
Es werden nun alle Aktivitäten ermittelt, die beim Ablauf des Prozesses, also zwischen erster und letzter Prozessaktivität durchgeführt werden. Diese sollten immer bei den Mitarbeitern erfragt werden, die den jeweiligen Prozess tagtäglich durchführen, denn sie kennen die Prozessaktivitäten bis ins Detail.

Schritt 8: Messgrößen festlegen
Jetzt werden die Indikatoren und Messgrößen festgelegt, anhand derer bei der späteren Durchführung der Prozesse die Leistung des jeweiligen Prozesses bewertet werden soll.

Schritt 9: Strukturierungstiefe festlegen
Es wird festgelegt, wie tiefgehend die einzelnen Prozessaktivitäten weiter untersucht und dokumentiert werden. Dabei ist es sehr wichtig, dass keine zu tiefe Strukturierung gewählt wird, denn dies birgt die Gefahr der Unübersichtlichkeit und des Schaffens einer weiteren Bürokratie.

Schritt 10: Ist-Zustand dokumentieren
Nun werden die gewonnenen Erkenntnisse hinsichtlich des jeweiligen Prozesses in standardisierter Form dokumentiert. Dabei sollte die Dokumentation mindestens die Prozessaktivitäten und die Verantwortlichkeiten für die Durchführung des Prozesses beinhalten.

Schritt 11: Prozess freigeben und Umsetzung sicherstellen
Nachdem die Prozesse festgelegt und dokumentiert sind, werden sie von den Prozessverantwortlichen freigegeben und damit bindend in Kraft gesetzt. Nun wird durch Prozess- oder Verfahrensaudits überprüft, ob die Abläufe auch tatsächlich eingehalten werden.

Schritt 12: Daten erfassen und Ziele festlegen
Während die Prozesse durchgeführt werden, werden in den festgelegten Zeitintervallen die Ist-Werte der Messgrößen ermittelt. Nach einer gewissen Zeit, in der Erfahrungswerte gesammelt werden, kann eine Festlegung von Zielen bezüglich der Messgrößen erfolgen.

Schritt 13: Prozess lenken, Verbesserungen realisieren
Aufgrund der Ist-Werte der Messgrößen können die Prozesse gelenkt werden. Dies geschieht entweder durch kontinuierliche Verbesserung oder aber durch radikale Prozessverbesserung (= Reengineering).

Schritt 14: Operative Qualitätskosten erfassen
Im vorliegenden Schritt werden bezüglich der Prozesse die Qualitätskosten ermittelt. Dies ist in aller Regel eine Aktivität, die mit großen Schwierigkeiten verbunden ist.

Schritt 15: Benchmarking durchführen und Ergebnisse umsetzen
Jetzt werden die Prozessleistung und die Prozessaktivitäten auf der Basis der Ist-Werte der Messgrößen mit anderen Organisationen verglichen. Im Idealfall findet der Vergleich mit Organisationen statt, die bessere Ergebnisse erreichen als die eigene. Das Finden von Orga-

nisationen, die bereit sind, die eigenen Daten offenzulegen, ist sehr häufig eine der Schwierigkeiten des Benchmarkings. Eine weitere Schwierigkeit liegt in der Notwendigkeit der Vergleichbarkeit, die in vielen Fällen nicht ausreichend gegeben ist. Selbstverständlich müssen Ergebnisse von Benchmarking-Aktivitäten im Anschluss umgesetzt werden. Dies kann der Anstoß zu radikaler Umgestaltung des oder der Prozesse sein (= Reengineering).

Schritt 16: Operative Qualitätskosten optimieren
Nun sollen die in Schritt 14 erfassten Qualitätskosten optimiert werden. Dies heißt, dass die Gelder nicht zur Fehlerbereinigung ausgegeben werden sollen, sondern eher für die Fehlervermeidung.

Schritt 17: Wettbewerbsfähigkeit erreichen/nachweisen
Im letzten Schritt wird durch kontinuierliche Wettbewerbsvergleiche (= Benchmarking) festgestellt, dass der eigene Prozess mit größerem Erfolg abläuft als bei den Vergleichsunternehmen.

Abschließende Betrachtungen zum Geschäftsprozessmanagement

Abschließend sei nochmals darauf hingewiesen, dass es sich bei den oben gemachten Beschreibungen lediglich um eine kurze Vorstellung des Geschäftsprozessmanagements handelt. Die aufgeführten Schritte stellen den Gesamtumfang der Methodik dar und müssen je nach Art und Größe des Unternehmens entsprechend angeglichen werden.

Zum Abschluss der Ausführungen zum Geschäftsprozessmanagement seien noch einige Betrachtungen hinsichtlich der Chancen und Risiken angestellt, die bei der Anwendung der Methode vorhanden sind.

Die Implementierung des Geschäftsprozessmanagements im Unternehmen bringt durchgreifende Veränderungen mit sich. Es kommt nicht von ungefähr, dass GPM fester Bestandteil der TQM-Philosophie ist. Ein heutiges Unternehmen kann sich TQM nur dann annähern, wenn es sich umfassend wandelt. Dieser Wandel ist mit einigen Risiken behaftet und es besteht – wie schon an anderer Stelle ausgeführt – natürlich auch die Gefahr des Scheiterns.

Die wichtigste Determinante für den möglichen Erfolg der Implementierung von GPM ist die Rolle der Unternehmensleitung. Sie muss sich darüber im Klaren sein, dass GPM diesen Wandel mit sich bringt, dass er Ängste bei Mitarbeitern und Führungskräften auslöst. Diese Ängste sind darin begründet, dass scheinbar Erfolgreiches und Gewohntes in Frage gestellt und durch etwas Neues ersetzt wird. Die angesprochenen Ängste reichen bis zur Existenzangst, denn sehr schnell taucht der Verdacht auf, GPM bringe den eigenen Arbeitsplatz in Gefahr. Die Unternehmensleitung muss diese Ängste wahrnehmen und mit ihnen umgehen. Die Mitarbeiter und Führungskräfte dürfen nicht den Eindruck haben, GPM sei lediglich ein Rationalisierungsprogramm, sondern müssen begreifen, dass GPM kombiniert mit anderen Maßnahmen der Unternehmensentwicklung das Unternehmen für die Herausforderungen der Zukunft „wetterfest" machen soll und kann. Diese Herausforderungen sind in Zeiten der Globalisierung jedermann bekannt. Die Unternehmensleitung muss bei diesem Wandel eine aktive Rolle spielen, sich einmischen, mit den Mitarbeitern und Führungskräften kommunizieren. Sollte sie bei GPM ebenso wie bei den anderen Aspekten des TQM lediglich die Rolle des Sich-berichten-Lassenden spielen, so ist der Erfolg der Verbesserungsprogramme und -maßnahmen in höchstem Maße gefährdet.

Eine Schwierigkeit, die bei der Prozessarbeit immer wieder auftreten wird, ist die Tatsache, dass sich beinahe alle Menschen mit ablauf- und ergebnisorientiertem Denken und Arbeiten schwertun. Dafür gibt es zwei Gründe. Zunächst sind die Menschen im Arbeitsprozess geprägt worden und durch eine jahre-/jahrzehntelange Schule des „Denkens in funktionalen Strukturen" gegangen. Man arbeitete in der Funktion Einkauf und führte diese Funktion zum Erfolg. Ob dieser Erfolg gleichzeitig zum Unternehmenserfolg beitrug, war nicht immer sichergestellt und gleichbedeutend. Der zweite Grund liegt im „Ich-Bezug" des Menschen. Der Mensch neigt dazu, Ereignisse aus einer subjektiven Betrachtung heraus zu werten und entsprechend zu handeln. Dabei ist unterschwellig immer das Bemühen vorhanden, für sich selbst „etwas Gutes zu tun". Nun wird von ihm verlangt, sich bei seiner Arbeit mehr vom Ergebnis und den Wünschen seiner Kunden leiten zu lassen. Dies zu lernen und zu erkennen, dass man dabei nicht dem eigenen Interesse schadet, bedarf einiger Zeit.

Soll GPM im Unternehmen eingeführt werden, so werden – wie bereits ausgeführt – Änderungen eintreten. Das bedeutet, dass eigentlich auf allen Ebenen die Bereitschaft vorhanden sein muss, „heilige Kühe zu schlachten", denn man kann eben ein Unternehmen nicht umgestalten und gleichzeitig alles beim Alten belassen. Die Bereitschaft zum Wandel muss selbstverständlich an erster Stelle bei der Unternehmensleitung vorhanden sein, sie ist der „Entscheidende Erfolgsfaktor" für den Wandel.

Ein weiterer wichtiger Punkt bei der Veränderung und Optimierung von Unternehmen ist die Einbeziehung der Menschen im Unternehmen. TQM möchte dafür sorgen, dass die Ressourcen eines Unternehmens möglichst optimal genutzt werden. Die wichtigste Ressource jedoch ist der Mensch, auch wenn der Personalabbau der letzten Jahre einen anderen Anschein erweckt. Um die Menschen im Unternehmen zu Leistungsbereitschaft zu motivieren, müssen ihre Bedürfnisse ernstgenommen werden. Drei der wichtigsten Bedürfnisse in diesem Zusammenhang sind das nach Information und das Gefühl, mit der eigenen Arbeit einen sinnvollen Beitrag zum Erfolg zu leisten, sowie das Gefühl, dass das eigene Fachwissen benötigt wird, dass „man gebraucht wird“. Das heißt, es ist sehr wichtig, dass die Menschen in jeder Hinsicht in Veränderungsprozesse einbezogen werden, dass ihre Expertise eingeholt und genutzt wird. Auch dies ist eine Anforderung, die sehr stark an die „Adresse der Geschäftsführung“, aber auch an alle anderen Führungskräfte gerichtet ist.

Geschäftsprozessmanagement hat sehr häufig zur Folge, dass die Mitarbeiter mit größeren Kompetenzen ausgestattet werden als das in hierarchischen Unternehmensorganisationen mit tayloristischer Ablauforganisation der Fall ist. Immer dann, wenn Schnittstellen aufgehoben und Kontrolltätigkeiten in die operativen Organisationen verlagert werden, muss die Bereitschaft der Führenden zu diesem „Empowerment“ vorhanden sein. Die bloße Verlagerung der operativen Verantwortungen ohne gleichzeitige entsprechende Kompetenzausstattung wird immer zum Scheitern verurteilt sein.

An dieser Stelle ist es notwendig, einige Worte über die Rolle der Unternehmenskultur zu verlieren. GPM wird in einer nicht fehlertoleranten und angstfreien Atmosphäre scheitern, denn bei GPM werden viele Dinge transparent, die vorher nicht erkennbar waren. Ganz konkret wird u. U. bekannt, welches die Abläufe im Unternehmen sind, an denen die Verbesserungsbemühungen in den letzten Jahren immer scheiterten. Oder die Ermittlung der Erreichungsgrade der Messgrößen zeigt deutlich, an welcher Stelle im Unternehmen „es wieder mal brennt“. Weiteres Beispiel sind die Zielwerte innerhalb der einzelnen Prozesse. An ihrem Erreichen kann man die Leistung von Führungskräften messen. Wenn in einem Unternehmen „der Überbringer schlechter Botschaften geköpft wird“, dann werden die Menschen alles dafür tun, keine schlechten Botschaften überbringen zu müssen. Deshalb ist auch die Unternehmenskultur von großer Bedeutung für den Erfolg von Veränderungsprozessen und damit auch für den des GPM.

Ein weiterer Gefahrenpunkt bei der Implementierung des GPM liegt darin, dass leicht eine zusätzliche Bürokratie aufgebaut wird. Wenn man die bisherigen Ausführungen in diesem Buch liest, könnte man zu der Meinung kommen, dies sei der Methodik immanent. Zwar wird an einigen Stellen die Erstellung von Dokumenten als notwendig angegeben, doch steht nirgendwo, dass diese Dokumente einen bestimmten Mindestumfang haben müssen. Es ist bei der Implementierung von GPM in einem Unternehmen wichtig, dass der für das Unternehmen relevante Ausschnitt aus der Gesamtmethodik gewählt wird. Sodann ist es wichtig, sich bei der Erstellung jeglicher Art von Dokumentation die Frage zu stellen: Nutzt das Dokument in der geplanten Form im operativen Arbeitsalltag oder dient es lediglich der „Repräsentation“? Wird diese Regel beachtet, so wird durch GPM das Notwendige dokumentiert, aber keine zusätzliche Bürokratie geschaffen werden.

Anforderungen der DIN EN ISO 9001 an Dienstleistungsunternehmen 9

Die Überprüfung eines QM-Systems durch die Zertifizierungsgesellschaften orientiert sich an der Nachweisstufe. Deshalb werden im Folgenden die Forderungen anhand der Norm DIN EN ISO 9001 angegeben. Um die Übertragung auf die Dienstleistungsbranche zu erleichtern, werden diese Normforderungen jeweils durch Hinweise für die Umsetzung der Forderungen ergänzt.

Die Nachweisstufe DIN EN ISO 9001 umfasst 7 Hauptkapitel. Jedes dieser Hauptkapitel wird weiter unterteilt und definiert Anforderungen, die im Unternehmen erfüllt werden müssen (s. Abb. 5).

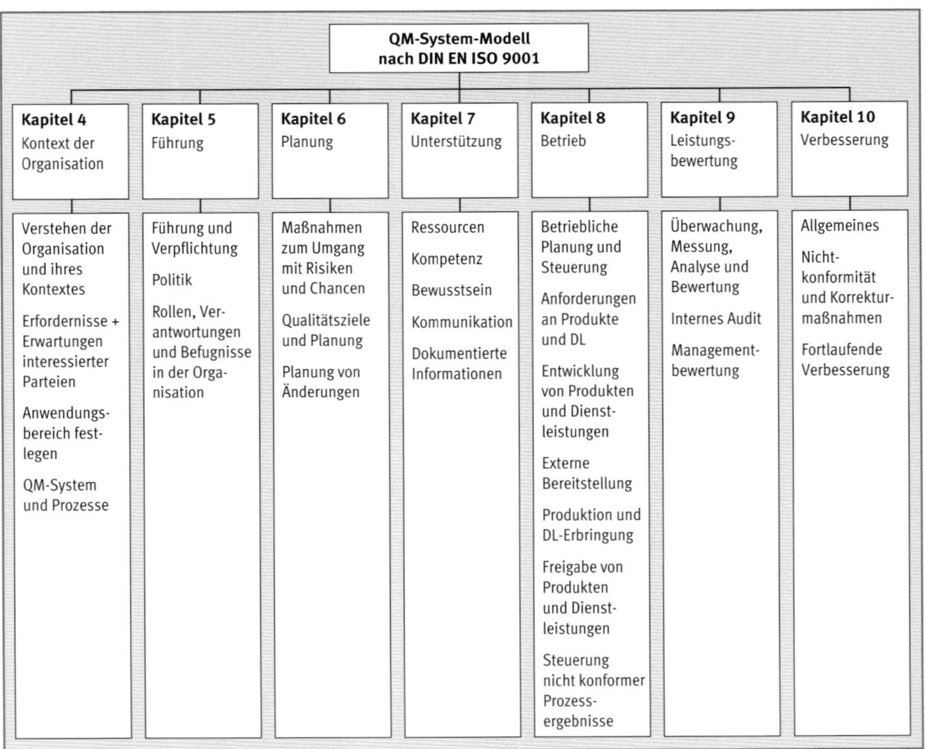

Abb. 5: QM-System-Modell nach DIN EN ISO 9001

Jedes Normkapitel hat eine Kennzahl (4.1 bis 10.3). Diese entspricht der Kapitelzahl im Text der DIN EN ISO 9001. In Fachkreisen wird diese Kennzahl häufig zusammen mit dem Normkapitel genannt, es gibt sogar Fachleute, die lediglich die Kapitelkennzahl nennen. Deshalb ist diese Kennzahl bei der folgenden Erläuterung der Normkapitel jeweils mit angegeben.

Der Ursprung der DIN EN ISO 9001 liegt, wie bereits erwähnt, in der Fertigungsindustrie. Damit fällt die Übertragung auf die Dienstleistungsbranche manchmal nicht leicht. Deshalb wird auf den folgenden Seiten für jedes der aufgeführten Normkapitel angegeben:

- Kurzerklärung des Normkapitels: Was will das Normkapitel im Unternehmen erreichen?
- Forderungen der DIN EN ISO 9001: Was muss im Unternehmen umgesetzt werden?
- weitergehende Hinweise der Norm DIN EN ISO 9004
- Hinweise zur Umsetzung
- Kernbereiche zur Selbsteinschätzung.

Dabei dienen die Einschätzungen in den Kernbereichen dazu, sich selbst ein Bild über den Ist-Zustand des eigenen Unternehmens machen zu können. Die Einschätzung der Erfüllungsgrade kann ausgewertet werden. Hat man bei allen Normkapiteln diese Auswertung vorgenommen, so ergibt sich ein erstes Bild über den Ist-Zustand des Unternehmens gegenüber den Forderungen der Norm. Selbstverständlich können damit die Normkapitel identifiziert werden, in denen am meisten Handlungsbedarf besteht. Sehr deutlich muss bemerkt werden, dass diese Selbsteinschätzung eine genaue Analyse des Ist-Zustandes nicht ersetzen kann. Ein Ergebnis von 100 % bei einem der Normkapitel bedeutet noch nicht, dass sämtliche Forderungen erfüllt sind.

Die Einschätzung der Erfüllungsgrade dieser Kernbereiche kann bei Beginn des Systemaufbaus normalerweise nur von einem Mitarbeiter geleistet werden, der auf der einen Seite das Unternehmen gut kennt und der auf der anderen Seite zumindest über ein Minimum an Normwissen verfügt. Ein völlig „Unbeleckter“ wird sich damit schwertun.

Als Anlage zum vorliegenden Buch finden sich Tabellen zur Selbsteinschätzung im Excel-Format, welche Sie als Buchkäufer digital kostenfrei über die Beuth-Mediathek auf **www.beuth-mediathek.de** abrufen können.

Erläuterung der Normkapitel der DIN EN ISO 9001 9.1

Normenkapitel DIN EN ISO 9001: 4 Kontext der Organisation 9.1.1

Normkapitel: 4.1 Verstehen der Organisation und ihres Kontextes

Kurzerklärung

Strategische Ausrichtung des Unternehmens ist erforderlich.

Forderungen der DIN EN ISO 9001 (zwingend)

Das Unternehmen **muss**

- externe und interne Themen bestimmen, die für seinen Zweck und seine strategische Ausrichtung relevant sind und sich auf seine Fähigkeit auswirken, die beabsichtigten Ergebnisse seines QM-Systems zu erreichen.
- Informationen über diese externen und internen Themen überwachen und überprüfen.

Weitergehende Hinweise der Norm DIN EN ISO 9004 (Kap. 4.3)

Die Norm DIN EN ISO 9004 erläutert diese Kapitel und macht deutlich, dass bereits aus dem Umfeld des Unternehmens Informationen zum Risikomanagement gewonnen werden sollten.

Hinweise zur Umsetzung

Normkapitel 4.1 verlangt die Ausrichtung des Unternehmens nicht nur am Markt, sondern generell an seinen Rahmenbedingungen. Weiter verlangt Normkapitel 4.1 von den Unternehmen, dass sie auch das interne Umfeld berücksichtigen. Beispiele für eine solche Betrachtung könnte die Erkenntnis sein, dass es immer schwieriger wird, qualifiziertes Personal zu bekommen (externer Faktor). Dazu könnte man regelmäßig Statistiken der Agentur für Arbeit prüfen. Gleichzeitig könnte ein Unternehmen erkennen, dass es über eine Belegschaftsstruktur verfügt, die dazu führt, dass in den nächsten 6 Jahren eine große Anzahl von Mitarbeitern in Ruhestand geht (interner Faktor). Diese beiden Faktoren verstärken sich sogar gegenseitig und das Unternehmen ist gut beraten, möglichst frühzeitig in diesem Zusammenhang aktiv zu werden.

Kernbereiche zur Selbsteinschätzung

Feststellung	Erfüllungsgrad 0 bis 100 %
In unserem Unternehmen sind externe Themen festgelegt, die Einfluss auf unseren Unternehmenserfolg haben.	
In unserem Unternehmen sind interne Themen festgelegt, die Einfluss auf unseren Unternehmenserfolg haben.	
Die internen und externen Themen, die einen Einfluss auf unseren Unternehmenserfolg haben, werden regelmäßig überwacht und ggf. aktualisiert.	
Die Erkenntnisse aus dieser Überwachung werden zur Unternehmenssteuerung genutzt.	
Summe der Erfüllungsgrade:	
Geteilt durch Anzahl Feststellungen:	4
Gesamterfüllungsgrad Normkapitel 4.1	

Normkapitel: 4.2 Verstehen der Erfordernisse und Erwartungen interessierter Parteien

Kurzerklärung

Erwartungen an das Unternehmen müssen erkannt werden.

Forderungen der DIN EN ISO 9001 (zwingend)

Das Unternehmen **muss**

- die interessierten Parteien, die für das QM-System relevant sind, bestimmen
- die Anforderungen dieser interessierten Parteien, die für das QM-System relevant sind, bestimmen
- Informationen über die iP und deren relevanten Anforderungen überwachen und überprüfen.

Weitergehende Hinweise der Norm DIN EN ISO 9004 (Kapitel 4.4)

Die DIN EN ISO 9004 erläutert die in Frage kommenden interessierten Parteien und enthält sogar ein Tableau mit möglichen Erwartungen dieser Parteien.

Hinweise zur Umsetzung

Kapitel 4.2 will erreichen, dass sich ein Unternehmen darüber im Klaren ist, wer an ihm interessiert ist und welche Erwartungen bei den unterschiedlichen Interessenspartnern vorhanden sind. Auch hier ist es nicht damit getan, diese Parteien einmal zu erkennen und die Erwartungen aufzulisten, vielmehr möchte die Norm erreichen, dass diese Informationen zur Steuerung des Unternehmens genutzt werden. Dabei verlangt die Norm keineswegs, dass man allen Erwartungen gerecht wird. Es wird in der Praxis immer Erwartungen geben, die sich sogar widersprechen. Die Norm möchte erreichen, dass man sich des Erwartungsfeldes bewusst ist und ebenso bewusst festlegt, welchen Erwartungen man gerecht werden will und welchen nicht.

Kernbereiche zur Selbsteinschätzung

Feststellung	**Erfüllungsgrad 0 bis 100 %**
In unserem Unternehmen sind die interessierten Parteien festgelegt.	
Die Erwartungen der interessierten Parteien sind bei uns transparent.	
Die Informationen über die interessierten Parteien werden regelmäßig aktualisiert.	
Die Informationen über die Erwartungen der interessierten Parteien werden regelmäßig aktualisiert.	
Die gewonnenen Informationen werden zur Unternehmenssteuerung genutzt.	
Summe der Erfüllungsgrade:	
Geteilt durch Anzahl Feststellungen:	5
Gesamterfüllungsgrad Normkapitel 4.2	

Normkapitel: 4.3 Festlegen des Anwendungsbereichs des Qualitätsmanagementsystems

Kurzerklärung

Die Norm möchte erreichen, dass geklärt ist, welche Regelungen wo gelten und zu beachten sind.

Forderungen der DIN EN ISO 9001 (zwingend)

Das Unternehmen **muss**

- die Grenzen und die Anwendbarkeit seines QM-Systems bestimmen, um dessen Anwendungsbereich festzulegen.

Dabei muss die Organisation berücksichtigen:

- die in 4.1 genannten externen und internen Themen
- die in 4.2 genannten Anforderungen
- die Produkte und Dienstleistungen.

Der Anwendungsbereich muss als dokumentierte Information vorliegen:

- Produkte und Dienstleistungen, die unter das QMS fallen
- Begründung, falls eine Anforderung der Norm nicht angewendet werden kann.

Weitergehende Hinweise der DIN EN ISO 9004

Die DIN EN ISO 9004 gibt zu diesem Kapitel keine weiteren Ergänzungen.

Hinweise zur Umsetzung

Das vorliegende Normkapitel möchte die Klärung erreichen, in welchen Organisationsbereichen die Regelungen des QM-Systems Gültigkeit haben und damit zu beachten sind. Auch die Festlegung hinsichtlich der Produkte und Dienstleistungen muss geleistet werden. In vielen Fällen gelten QM-Systeme in der gesamten Organisation und für alle Dienstleistungen. Die Norm lässt hier aber zu, dass Unternehmensbereiche und/oder bestimmte Dienstleistungen ausgenommen werden. Ein Beispiel könnte ein Bildungsdienstleister sein, der neben seinem Bildungsbereich eine Hausdruckerei betreibt, um die Seminarunterlagen zu drucken. Dann könnte dieses Unternehmen festlegen, dass das QM-System in der Hausdruckerei nicht anzuwenden ist.

Sollte ein Unternehmen erkennen, dass eine Forderung der DIN EN ISO 9001 für das eigene Haus nicht von Relevanz ist, dann kann es bei der Definition des Anwendungsbereiches darauf hinweisen.

Kernbereiche der Selbsteinschätzung

Feststellung	**Erfüllungsgrad 0 bis 100 %**
In unserem Unternehmen ist der Geltungsbereich des QM-Systems schriftlich festgelegt.	
Bei der Festlegung des Geltungsbereichs ist der Kontext unseres Unternehmens berücksichtigt.	
Bei der Festlegung des Geltungsbereichs sind die Erwartungen der interessierten Parteien angemessen berücksichtigt.	
Der Geltungsbereich nennt die Organisationseinheiten und Dienstleistungen, auf die sich das QM-System bezieht.	
Summe der Erfüllungsgrade:	
Geteilt durch Anzahl Feststellungen:	4
Gesamterfüllungsgrad Normkapitel 4.3	

Normkapitel: 4.4 Qualitätsmanagementsystem und seine Prozesse

Kurzerklärung

Die Norm möchte mit dem vorliegenden Normkapitel erreichen, dass bei der Gestaltung des QM-Systems der prozessorientierte Ansatz realisiert wird. Das QM-System sollte auf der Basis der Prozesse des Unternehmens festgelegt und dokumentiert werden.

Forderungen der DIN EN ISO 9001 (zwingend)

Das Unternehmen muss die Prozesse bestimmen, die für das QM-System benötigt werden. Es **muss**

- für jeden Prozess die erforderlichen Eingaben und die erwarteten Ergebnisse festlegen
- Abfolge und Wechselwirkungen festlegen
- die erforderlichen Leistungskenngrößen festlegen
- die für die Prozesse notwendigen Ressourcen festlegen
- Prozesse bewerten und ggf. Änderungen umsetzen
- für die Prozesse die Verantwortungen und Befugnisse zuweisen
- die Verfügbarkeit benötigter Ressourcen sicherstellen
- Chancen- und Risikomanagement innerhalb der Prozesse ermitteln
- Methoden zur Überwachung, Messung und Bewertung festlegen
- Chancen zur Verbesserung der Prozesse und des QM-Systems ermitteln
- Prozessbeschreibungen als dokumentierte Informationen festhalten
- Prozessnachweise aufbewahren.

Weitergehende Hinweise der DIN EN ISO 9004 (Kapitel 7)

Die DIN EN ISO 9004 erläutert in ihrem Kapitel 7 die Thematik des Prozessmanagements umfassend und gibt viele Hinweise, die beim Prozessmanagement umgesetzt werden können.

Hinweise zur Umsetzung

Das vorliegende Kapitel möchte erreichen, dass ein prozessorientiertes QM-System im Unternehmen gestaltet, eingeführt und im weiteren Verlauf kontinuierlich weiterentwickelt wird. Dazu ist es im ersten Schritt notwendig, die Prozesse des Unternehmens zunächst offenzulegen. Jedes Unternehmen, gleich welcher Branche, verfügt über 3 Arten von Prozessen:

- Führungsprozesse
- Wertschöpfungsprozesse
- Stützprozesse.

Beispiele für Führungsprozesse sind: Strategische Ausrichtung, Zielvereinbarung und Controlling, Wissensmanagement, Personalführung ...

Beispiele für Stützprozesse sind: Rechnungswesen, IT-Support, Beschaffung ...

Die Wertschöpfungsprozesse hängen selbstverständlich von der Branche ab. Ein Bildungsanbieter wird über einen Wertschöpfungsprozess für Seminare verfügen, ein Architekturbüro über einen Prozess, der die Projektierung und Realisierung von Bauvorhaben strukturiert. Ziel ist es, eine Prozesslandkarte des Unternehmens zu gestalten, die als Ordnungsrahmen für die Gestaltung der QM-Dokumentation dient (siehe hierzu auch die Ausführungen zu Normkapitel 7.5 und die Inhalte des Kapitels 8 des vorliegenden Buches).

Kernbereiche der Selbsteinschätzung

Feststellung	Erfüllungsgrad 0 bis 100 %
In unserem Unternehmen ist eine Prozessstruktur vorhanden.	
Für die Prozesse sind die Eingaben und Prozessergebnisse festgelegt.	
Abfolge und Wechselwirkungen der Prozesse sind transparent.	
Leistungskenngrößen der wesentlichen Prozesse sind vorhanden.	
Den Prozessen sind die erforderlichen Ressourcen zugeordnet.	
In unserem Unternehmen werden die Prozesse regelmäßig bewertet.	
Innerhalb der Prozesse sind die Verantwortungen und Befugnisse festgelegt.	
Die Prozessbeschreibungen berücksichtigen ein angemessenes Chancen- und Risikomanagement.	
Die Prozesse sind schriftlich festgelegt.	
Summe der Erfüllungsgrade:	
Geteilt durch Anzahl Feststellungen:	8
Gesamterfüllungsgrad Normkapitel 4.4	

9.1.2 Normkapitel DIN EN ISO 9001: 5 Führung

Normkapitel: 5.1 Führung und Verpflichtung, 5.2 Politik

Kurzerklärung

Die Norm möchte erreichen, dass es eine Ausrichtung der Organisation gibt, die sich am Markt und an den Forderungen der Kunden orientiert. Dies liegt in der Verantwortung der Leitung der Organisation.

Forderungen der DIN EN ISO 9001 (zwingend)

Das Unternehmen **muss**

- den Nachweis der Verpflichtung der obersten Leitung zu QM und zur ständigen Verbesserung des QM-Systems erbringen, indem es
  - die Kundenanforderungen und -wünsche und die Bedeutung ihrer Umsetzung innerhalb der Organisation vermittelt
  - die Qualitätspolitik festlegt
  - Qualitätsziele festgelegt, die in Übereinstimmung mit der Qualitätspolitik stehen
  - Managementbewertungen durchführt, die die Wirksamkeit und Effizienz des QM-Systems beurteilen
  - die Verfügbarkeit von benötigten Ressourcen und unterstützenden Strukturen sicherstellt
  - für das QM-System wichtige Personen einsetzt, anleitet und unterstützt
  - Verbesserung fördert
  - die Führungskräfte unterstützt
- sicherstellen, dass die Kundenwünsche und -erwartungen bezüglich der Produkte und Dienstleistungen ermittelt und zur Erhöhung der Kundenzufriedenheit erfüllt werden (siehe 9.1.2)
- sicherstellen, dass die Qualitätspolitik für die Organisation angemessen und geeignet und ein Mittel zur Verbesserung des Unternehmenserfolgs ist
- sicherstellen, dass die Qualitätspolitik eine Verpflichtung zur Qualität, zur Erfüllung von Anforderungen wie die der Kundenzufriedenheit und zur ständigen Verbesserung des QM-Systems enthält
- sicherstellen, dass die Qualitätspolitik einen angemessenen Rahmen zur Festlegung und Bewertung von Qualitätszielen bietet
- sicherstellen, dass die Qualitätspolitik in der gesamten Organisation vermittelt und verstanden wird

- sicherstellen, dass die Qualitätspolitik in regelmäßigen Abständen bezüglich ihrer fortdauernden Angemessenheit und Sinnhaftigkeit bewertet wird
- die Qualitätspolitik für relevante interessierte Parteien verfügbar machen.

Weitergehende Hinweise der DIN EN ISO 9004 (Kap. 4.1, 4.4, 5.1 und 5.2)

Die Norm DIN EN ISO 9004 gibt in diesem Zusammenhang eine Vielzahl von zusätzlichen Hinweisen, die weit über die Inhalte der Nachweisstufe DIN EN ISO 9001 hinausgehen. Hier wird die Ausrichtung der Organisation durch eine Qualitätspolitik bzw. ein Leitbild wesentlich weiter interpretiert. Zum Beispiel wird die Orientierung der Organisation an den Forderungen der Kunden bei der Festlegung der Qualitätspolitik erweitert, indem die Orientierung auf alle Interessengruppen an der Geschäftstätigkeit der Organisation ausgeweitet wird.

Hinweise zur Umsetzung

Die Festlegung der Qualitätspolitik stellt eine zentrale Aktivität bei der Erarbeitung eines QM-Systems dar. Die Festlegung der Qualitätspolitik kann von der Unternehmensleitung niemals delegiert werden, sondern muss durch sie geleistet werden. Dabei ist zu empfehlen, dass ein geeignetes Maß an Mitarbeitereinbeziehung geleistet wird, denn die Qualitätspolitik muss breite Akzeptanz im Unternehmen haben. Eine Qualitätspolitik definiert unter anderem

- das Anspruchsniveau des Unternehmens unter Qualitätsgesichtspunkten
- die Verantwortlichkeiten zur Erreichung dieses Niveaus
- den Weg zur Umsetzung der Qualitätspolitik.

Abzuraten ist von einer blumigen Darstellung der Qualitätspolitik über mehrere Seiten, denn im nächsten Kapitel werden wir sehen, dass aus der Qualitätspolitik bewertbare Ziele abgeleitet werden müssen, was bei einer ausschweifenden Politik in aller Regel schwierig zu leisten ist. Weiter stößt eine ausschweifende Qualitätspolitik in aller Regel bei den Mitarbeitern auf wenig Gegenliebe.

Kernbereiche der Selbsteinschätzung

Feststellung	Erfüllungsgrad 0 bis 100 %
Bei uns gibt es den Nachweis der Verpflichtung der obersten Leitung zu QM und zur ständigen Verbesserung des QM-Systems, der die folgenden Gesichtspunkte umfasst:	–
– die Kundenanforderungen und -wünsche und die Bedeutung ihrer Umsetzung werden innerhalb der Organisation vermittelt.	
– die Festlegung der Qualitätspolitik.	
– die Festlegung von Qualitätszielen, die in Übereinstimmung mit der Qualitätspolitik stehen.	
– die Durchführung von Managementbewertungen, die die Wirksamkeit und Effizienz des QM-Systems beurteilen.	
– das Einsetzen von für das QM-System wichtigen Personen.	
– die Förderung von Verbesserungen.	
– die Unterstützung der Führungskräfte.	
– die Sicherstellung der Verfügbarkeit der benötigten Ressourcen und unterstützenden Strukturen.	
Bei uns hat die oberste Leitung sichergestellt, dass die Kundenwünsche und -erwartungen bezüglich der Produkte und Dienstleistungen ermittelt und zur Erhöhung der Kundenzufriedenheit erfüllt werden (siehe 7.2.1 und 8.2.1).	
Bei uns ist die Qualitätspolitik für die Organisation angemessen und geeignet und sie ist ein Mittel zur Verbesserung des Unternehmenserfolgs.	

Fortsetzung der Tabelle auf der nächsten Seite

Feststellung	**Erfüllungsgrad 0 bis 100 %**
Unsere Qualitätspolitik enthält eine Verpflichtung zur Qualität, zur Erfüllung von Anforderungen wie die der Kundenzufriedenheit und zur ständigen Verbesserung des QM-Systems.	
Unsere Qualitätspolitik bildet einen angemessenen Rahmen zur Festlegung und Bewertung von Qualitätszielen.	
Unsere Qualitätspolitik wurde in der gesamten Organisation vermittelt und verstanden.	
Die Qualitätspolitik wird in regelmäßigen Abständen bezüglich ihrer fortdauernden Angemessenheit und Sinnhaftigkeit bewertet.	
Die Qualitätspolitik unseres Hauses steht relevanten interessierten Parteien zur Verfügung	
Summe der Erfüllungsgrade:	
Geteilt durch Anzahl Feststellungen:	15
Gesamterfüllungsgrad Normkapitel 5.1–5.2	

Normkapitel: 5.3 Rollen, Verantwortungen und Befugnisse in der Organisation

Kurzerklärung

Das Normkapitel fordert, dass die Rollen, Verantwortungen und Befugnisse im Unternehmen geklärt sind.

Forderungen der DIN EN ISO 9001 (zwingend)

Das Unternehmen **muss**

- sicherstellen, dass Verantwortungen und Befugnisse für relevante Rollen festgelegt, kommuniziert und verstanden werden.
- OL muss Verantwortungen und Befugnisse festlegen, die sicherstellen, dass
  - das QMS die Norm erfüllt
  - Prozesse die geplanten Ergebnisse liefern
  - die Leistung des QMS an die OL berichtet wird (einschl. Verbesserungsnotwendigkeiten)
  - die Kundenorientierung in der gesamten Organisation verbessert wird
  - das QMS bei Veränderungen aufrechterhalten wird.

Weitergehende Hinweise der DIN EN ISO 9004 (Kap. 5.4, 7.3)

Auch im vorliegenden Kapitel macht die DIN EN ISO 9004 erweiternde Aussagen hinsichtlich der Inhalte der Nachweisstufe. Sie formuliert sehr deutlich die Notwendigkeit der Kommunikation von Strategie und Politik. Weiter nimmt sie das Thema „Prozessverantwortung und -befugnis" auf.

Hinweise zur Umsetzung

Die Festlegung der Rollen, Verantwortungen und Befugnisse geschieht in aller Regel in Form von Organigrammen, Stellenbeschreibungen etc.

Bei der Besetzung der Stelle des oder der QM-verantwortlichen Mitarbeiter sollte man darauf achten, anerkannte und durchsetzungsstarke Personen mit dieser Verantwortung zu betrauen. Man sollte sich weiter darüber im Klaren sein, dass die Besetzung dieser Stellen gleichzeitig etwas über die Bedeutung aussagt, die die Unternehmensleitung dem Thema Qualitätsmanagement beimisst.

Kernbereiche der Selbsteinschätzung

Feststellung	**Erfüllungsgrad 0 bis 100 %**
In unserem Unternehmen sind die Rollen, Verantwortungen und Befugnisse geklärt und festgelegt.	
In unserem Unternehmen ist festgelegt, wer die Verantwortung für die Erfüllung der Anforderungen der DIN EN ISO 9001 trägt.	
In unserem Unternehmen ist festgelegt, wer die Verantwortung dafür trägt, dass unsere Prozesse die geplanten Ergebnisse liefern.	
In unserem Unternehmen ist festgelegt, wie und von wem die Leistung des QM-Systems berichtet wird.	
In unserem Unternehmen ist festgelegt, wie die Kundenorientierung in der gesamten Organisation verbessert wird.	
Auch bei Änderungen innerhalb des Unternehmens werden die Funktionsfähigkeit und Integrität des QM-Systems gewährleistet und Normabdeckung aufrechterhalten.	
Summe der Erfüllungsgrade:	
Geteilt durch Anzahl Feststellungen:	6
Gesamterfüllungsgrad Normkapitel 5.3	

9.1.3 Normkapitel DIN EN ISO 9001: 6 Planung

Normkapitel: 6.1 Maßnahmen zum Umgang mit Risiken und Chancen

Kurzerklärung

Das vorliegende Normkapitel möchte erreichen, dass ein Unternehmen sich der Risiken bewusst ist, mit denen es konfrontiert ist, und dass diese Risiken wenn möglich durch Maßnahmen eliminiert werden. Auch seiner Chancen sollte sich ein Unternehmen bewusst sein.

Forderungen der DIN EN ISO 9001 (zwingend)

Das Unternehmen **muss**

- bzgl. Anforderungen und Erwartungen des Umfelds und der interessierten Parteien Chancen und Risiken ermitteln, um
  - sicherzustellen, dass das QMS die gewünschten Ergebnisse erzielt
  - erwünschte Auswirkungen verstärken
  - unerwünschte Auswirkungen zu verhindern bzw. zu verringern
  - fortlaufende Verbesserung zu erreichen
- Maßnahmen zum Umgang mit Chancen und Risiken planen
- die Maßnahmen zum C+R-Management in die Prozesse des QMS integrieren
- Wirksamkeit der Maßnahmen bewerten.

Weitergehende Hinweise der DIN EN ISO 9004 (Kap. 4.2)

Hier macht die DIN EN ISO 9004 lediglich im genannten Kapitel einige wenige Aussagen.

Hinweise zur Umsetzung

Das Erkennen von Chancen und Risiken soll ein Unternehmen zukunftsfähig machen und dafür sorgen, dass ein Unternehmen nicht nur auf Basis des Status quo geleitet wird. Siehe hierzu auch die Ausführungen in Kapitel 7 des vorliegenden Buches.

Kernbereiche der Selbsteinschätzung

Feststellung	**Erfüllungsgrad 0 bis 100 %**
In unserem Unternehmen existiert ein Prozess zur Ermittlung der Chancen und Risiken bzgl. der Erwartungen des Umfeldes und der interessierten Parteien.	
Unser Chancen- und Risikomanagement beinhaltet das Planen von Maßnahmen zum Umgang mit denselben.	
Maßnahmen zum Chancen- und Risikomanagement sind in die Prozesse des QM-Systems integriert.	
Die Wirksamkeit von Maßnahmen, die aus dem Chancen- und Risikomanagement resultieren, wird bei uns bewertet.	
Summe der Erfüllungsgrade:	
Geteilt durch Anzahl Feststellungen:	4
Gesamterfüllungsgrad Normkapitel 6.1	

Normkapitel: 6.2 Qualitätsziele und Planung zu deren Erreichung

Kurzerklärung

Das Normkapitel fordert, dass die Qualitätsziele über die relevanten Funktionen und Prozesse heruntergebrochen werden, dass sie bewertbar sind und dass eine Planung durchgeführt wird, wie die Ziele zu erreichen sind.

Forderungen der DIN EN ISO 9001 (zwingend)

Das Unternehmen **muss**

- sicherstellen, dass für zutreffende Prozesse, Funktionsbereiche und Ebenen innerhalb der Organisation Qualitätsziele zur Verbesserung der Unternehmensleistung festgelegt sind
- sicherstellen, dass die Qualitätsziele auch Anforderungen und Ziele bezüglich der Produkte bzw. Dienstleistungen (siehe 7.1a) einschließen
- gewährleisten, dass die Qualitätsziele messbar und bewertbar sind
- realisieren, dass die Qualitätsziele den Inhalt der Qualitätspolitik reflektieren und mit dieser im Einklang stehen
- die Planung des QM-Systems gewährleisten, um die Erfüllung der Qualitätspolitik und der Qualitätsziele zu erreichen
- sicherstellen, dass auch bei Änderungen innerhalb des Unternehmens die Funktionsfähigkeit und Integrität des QM-Systems gewährleistet sind und Normabdeckung aufrechterhalten wird.

Weitergehende Hinweise der DIN EN ISO 9004 (Kap. 5.3)

Die DIN EN ISO 9004 macht in diesem Zusammenhang gegenüber der Nachweisstufe DIN EN ISO 9001 viele zusätzliche Anmerkungen. Sie erläutert die Planung des QM-Systems sehr stark unter dem Blickwinkel der Umsetzung der Strategie und Politik. Hierzu werden entsprechende Prozesse angemahnt.

Hinweise zur Umsetzung

Zunächst sollte man in der Umsetzung einen Zielfindungsprozess erarbeiten, der für das gesamte Unternehmen Gültigkeit hat. In vielen Unternehmen findet betriebswirtschaftliche Zielsetzung statt. Dieser bestehende Zielfindungsprozess sollte um die Aspekte der Qualitätspolitik erweitert werden. Zusätzlich ist dann die Frage der Planung der Zielerreichung notwendig. Dieser Aspekt sollte zu einer möglicherweise bestehenden Investitions- oder Haushaltsplanung hinzugefügt werden. Es sollte in jedem Falle vermieden werden, dass im Unternehmen einerseits ein betriebswirtschaftlicher Zielsetzungs- und Planungsprozess und dann ein zweiter für das QM-System installiert wird. Dies wäre ein unnötiger Doppelaufwand und würde bei den Führungskräften sicherlich nicht auf Verständnis stoßen.

Kernbereiche der Selbsteinschätzung

Feststellung	**Erfüllungsgrad 0 bis 100 %**
Bei uns hat die oberste Leitung sichergestellt, dass für zutreffende Prozesse, Funktionsbereiche und Ebenen innerhalb der Organisation Qualitätsziele zur Verbesserung der Unternehmensleistung festgelegt sind.	
Qualitätsziele schließen auch Anforderungen und Ziele bezüglich der Produkte bzw. Dienstleistungen mit ein.	
Die Qualitätsziele sind messbar und bewertbar.	
Die Qualitätsziele reflektieren den Inhalt der Qualitätspolitik und stehen mit dieser im Einklang.	
Die oberste Leitung gewährleistet die Planung des QM-Systems, um die Erfüllung der Qualitätspolitik und der Qualitätsziele zu erreichen.	
Auch bei Änderungen innerhalb des Unternehmens werden die Funktionsfähigkeit und Integrität des QM-Systems gewährleistet und Normabdeckung aufrechterhalten.	
Summe der Erfüllungsgrade:	
Geteilt durch Anzahl Feststellungen:	6
Gesamterfüllungsgrad Normkapitel 6.2	

Normkapitel: 6.3 Planung von Änderungen

Kurzerklärung

Das vorliegende Normkapitel möchte gewährleisten, dass QM-Systeme sich dynamisch entwickeln.

Forderungen der DIN EN ISO 9001 (zwingend)

Das Unternehmen **muss**

- Änderungsnotwendigkeiten am QM-System ermitteln
- den Zweck von Änderungen und mögliche Konsequenzen berücksichtigen
- die Integrität des QMS berücksichtigen
- die Verfügbarkeit von Ressourcen gewährleisten
- die Zuweisung oder Neuzuweisung von Verantwortlichkeiten und Befugnissen sicherstellen.

Weitergehende Hinweise der DIN EN ISO 9004

Die DIN EN ISO 9004 gibt zum vorliegenden Normkapitel keine weitergehenden Hinweise.

Hinweise zur Umsetzung

Die Umgestaltung eines bestehenden QM-Systems, z. B. hin zur Prozessorientierung oder zum Umbau auf die neue DIN EN ISO 9001, muss in geplanter und strukturierter Art und Weise geschehen.

Kernbereiche der Selbsteinschätzung

Feststellung	**Erfüllungsgrad 0 bis 100 %**
In unserem Unternehmen werden Änderungsnotwendigkeiten am QM-System regelmäßig ermittelt.	
Der Zweck von Änderungen und deren mögliche Konsequenzen werden berücksichtigt.	
Die Integrität des QM-Systems wird berücksichtigt.	
Die Verfügbarkeit notwendiger Ressourcen für Änderungsprojekte am QM-System ist gewährleistet.	
Ggf. werden Verantwortungen und Befugnisse verändert.	
Summe der Erfüllungsgrade:	
Geteilt durch Anzahl Feststellungen:	5
Gesamterfüllungsgrad Normkapitel 6.3	

9.1.4 Normkapitel DIN EN ISO 9001: 7 Unterstützung

Normkapitel: 7.1.1 Ressourcen, Allgemeines, 7.1.2 Ressourcen, Personen, 7.1.3 Ressourcen, Infrastruktur, 7.1.4 Ressourcen, Prozessumgebung

Kurzerklärung

Die Norm möchte dafür sorgen, dass die für ein reibungsloses Funktionieren des Unternehmens notwendigen Ressourcen zur Verfügung stehen.

Forderungen der DIN EN ISO 9001 (zwingend)

Das Unternehmen **muss**

- die notwendigen Ressourcen für die Einführung, Aufrechterhaltung und Verbesserung des QMS festlegen und bereitstellen
- festlegen:
  - bestehende interne Ressourcen, Fähigkeiten und Limitierungen
  - welche Güter und Dienstleistungen von extern beschafft werden müssen
- die Personen bestimmen und bereitstellen, die für die wirksame Durchführung des QM-Systems, einschließlich der benötigten Prozesse, benötigt werden
- die notwendige Infrastruktur für die Durchführung seiner Prozesse bestimmen, bereitstellen und aufrechterhalten
- die Umgebung für die Durchführung der Prozesse bestimmen, bereitstellen und aufrechterhalten (Anmerkung: physikalische, soziale, psychologische, umweltbezogene und andere Faktoren wie z. B. Arbeitsschutzfaktoren).

Weitergehende Hinweise der DIN EN ISO 9004 (Kap. 6.1, 6.5 und 6.6)

Die DIN EN ISO 9004 erläutert die Ausführungen der Nachweisstufe DIN EN ISO 9001 und zeigt und erklärt die Arten von Ressourcen, an die in diesem Zusammenhang gedacht werden sollte.

Weiter gibt der Leitfaden zum Leiten und Lenken für den nachhaltigen Erfolg einer Organisation viele Erklärungen ab, die die Forderungen der Nachweisstufe DIN EN ISO 9001 erläutern, diese jedoch inhaltlich nicht wesentlich erweitern.

Die DIN EN ISO 9004 beinhaltet unter der Überschrift „Management von Ressourcen“ in den in der Nachweisstufe nicht vorhandenen Kapiteln 6.7 und 6.8 zusätzliche Aussagen zu den Themen:

- Information
- Technologie
- Lieferanten und Partner
- natürliche Ressourcen
- finanzielle Ressourcen.

Hinweise zur Umsetzung

Es ist zu empfehlen, die vorliegenden Normforderungen im Rahmen des Planungsprozesses umzusetzen.

Es mag für manchen in Deutschland verwunderlich sein, dass die Thematik des Arbeits- und Gesundheitsschutzes in der Norm formuliert wird, obwohl hierzu eine umfangreiche Gesetzgebung existiert. Hier wird deutlich, dass es sich bei DIN EN ISO 9000 ff. um eine internationale Normengruppe handelt, die eben auch in Ländern Gültigkeit hat, in denen die Gesetzgebung im Gebiet Arbeits- und Gesundheitsschutz weniger komplett ist.

Kernbereiche der Selbsteinschätzung

Feststellung	Erfüllungsgrad 0 bis 100 %
Bei uns werden die notwendigen materiellen und immateriellen Ressourcen ermittelt und zur Verwirklichung der Unternehmensziele, der ständigen Verbesserung des QM-Systems und zur Erhöhung der Kundenzufriedenheit bereitgestellt.	
Bei uns wird die notwendige Infrastruktur ermittelt, bereitgestellt und aufrechterhalten.	
In unserem Unternehmen findet eine wirksame Personalplanung statt.	
Es wird die erforderliche Arbeitsumgebung ermittelt, bereitgestellt und aufrechterhalten bezüglich Arbeits- und Gesundheitsschutz, Arbeitsplatzergonomie, kreativer Arbeitsmethoden und sozialer Einrichtungen für Mitarbeiter.	
Summe der Erfüllungsgrade:	
Geteilt durch Anzahl Feststellungen:	4
Gesamterfüllungsgrad Normkapitel 7.1.1–7.1.4	

Normkapitel: 7.1.5 Ressourcen zur Überwachung und Messung

Kurzerklärung

Das vorliegende Normkapitel möchte gewährleisten, dass die Mittel, mit denen die Qualität der Produkte und Dienstleistungen geprüft wird, zu diesen Prüfungen geeignet sind. Es ist bei Dienstleistungsorganisationen in aller Regel weniger bedeutsam, jedoch in den seltensten Fällen irrelevant (siehe hierzu auch die Hinweise zur Umsetzung).

Forderungen der DIN EN ISO 9001 (zwingend)

Das Unternehmen **muss**

- die erforderlichen Überwachungs- und Messmittel und ihren Einsatz zur Erfüllung der festgelegten Anforderungen ermitteln
- geeignete Prozesse zum Messmitteleinsatz sicherstellen
- eine regelmäßige Überwachung der Messmittel sicherstellen oder sie vor jedem Gebrauch überprüfen
- eine Justierung und Nachjustierung bei Bedarf gewährleisten
- Messmittel kennzeichnen und ihren Prüfstatus erkennbar halten
- die Verwendung der gültigen Messmittel sicherstellen
- die Gültigkeit früherer Prüfungen bewerten und aufzeichnen, die anhand unzureichender Messmittel durchgeführt wurden, und gegebenenfalls Maßnahmen einleiten
- Aufzeichnungen über Überwachungsergebnisse der Messmittel führen.

Weitergehende Hinweise der DIN EN ISO 9004 (Kap. 6.5, 6.6)

Keine zusätzlichen Anmerkungen der Norm DIN EN ISO 9004.

Hinweise zur Umsetzung

Zunächst sollte vor der Umsetzung der Normforderungen die Frage beantwortet werden, anhand welcher Mittel die Qualität der eigenen Dienstleistungen ermittelt wird. Dies werden in der Regel bei Dienstleistungsorganisationen Fragebogen und/oder Checklisten sein.

Dann ist festzulegen, wie dafür gesorgt wird, dass die Fragebogen die Informationen ermitteln, die zur Beurteilung der Dienstleistungsqualität benötigt werden. Da Messmittel bei Dienstleistungsunternehmen in aller Regel gleichzeitig Dokumente sind, erfolgt sinnvollerweise die Lenkung der Überwachungs- und Messmittel zusammen mit der Lenkung der dokumentierten Informationen (siehe Normkapitel 7.5).

Kernbereiche der Selbsteinschätzung

Feststellung	Erfüllungsgrad 0 bis 100 %
Bei uns sind die erforderlichen Mess- und Überwachungsmittel wie z. B. Checklisten, Kundenfragebogen, spezielle Formulare ermittelt und ihr Einsatz ist festgelegt.	
Es existieren geeignete Prozesse zur Anwendung der Mess- und Überwachungsmittel.	
Es erfolgt eine regelmäßige Überwachung der Mess- und Überwachungsmittel oder sie werden vor jedem Gebrauch überprüft.	
Es erfolgt eine Justierung und Nachjustierung bei Bedarf, z. B. die Veränderung eines Kundenfragebogens, wenn er nicht alle wichtigen Informationen abfragt.	
Unsere Mess- und Überwachungsmittel sind gekennzeichnet und ihr Prüfstatus ist erkennbar, z. B. die Version eines Kundenfragebogens.	
Bei uns wird die Verwendung der gültigen Mess- und Überwachungsmittel sichergestellt, z. B. der aktuellen Version eines Kundenfragebogens.	
Die Gültigkeit früherer Prüfungen wird bei uns bewertet und aufgezeichnet, die anhand unzureichender Mess- und Überwachungsmittel durchgeführt wurden, und es werden gegebenenfalls Maßnahmen eingeleitet, indem z. B. Kundenbefragungen wiederholt werden, wenn mit einem alten Fragebogen vorgegangen wurde.	
Es werden Aufzeichnung über Überwachungsergebnisse der Mess- und Überwachungsmittel geführt.	
Summe der Erfüllungsgrade:	
Geteilt durch Anzahl Feststellungen:	8
Gesamterfüllungsgrad Normkapitel 7.1.5	

Normkapitel: 7.1.6 Wissen der Organisation

Kurzerklärung

Das vorliegende Normkapitel möchte erreichen, dass sich Dienstleistungsunternehmen bewusst sind, welches Wissen sie benötigen, um reibungslos funktionieren zu können.

Forderungen der DIN EN ISO 9001 (zwingend)

- Festlegung notwendigen Wissens für das Praktizieren des QMS und seiner Prozesse und zur Sicherstellung der Güte der Dienstleistungen und der Kundenzufriedenheit
- Dieses Wissen muss gehandhabt, geschützt und verfügbar gemacht bzw. vermittelt werden.
- Bei Veränderungen muss die Wissensbasis genutzt und festgelegt werden, wie zusätzlich notwendiges Wissen erschlossen wird.

Weitergehende Hinweise der DIN EN ISO 9004 (Kap. 6.7.2)

Die Norm DIN EN ISO 9004 gibt in diesem Zusammenhang einige zusätzliche Hinweise, insbesondere zu Quellen, aus denen Wissen in das Unternehmen gelangen kann.

Hinweise zur Umsetzung

Zur Umsetzung ist es unabdingbar, dass man sich zunächst Gedanken über das Wissen macht, das benötigt wird, um als Unternehmen funktionieren kann. Es ist an 3 Bereiche zu denken:

- Wissen hinsichtlich der Abläufe des Unternehmens
- Wissen in den Köpfen der Mitarbeiter
- Wissen hinsichtlich der angebotenen Dienstleistungen.

Siehe in diesem Zusammenhang auch die Ausführungen in Kapitel 7 des vorliegenden Buches.

Kernbereiche der Selbsteinschätzung

Feststellung	**Erfüllungsgrad 0 bis 100 %**
In unserem Unternehmen existiert eine klare Erkenntnis über das notwendige Wissen für das Praktizieren des QMS und seiner Prozesse und zur Sicherstellung der Güte der Dienstleistungen und der Kundenzufriedenheit.	
Das erkannte notwendige Wissen wird bei uns gehandhabt, geschützt und verfügbar gemacht bzw. vermittelt.	
In unserem Unternehmen ist die Vorgehensweise bei Veränderungen hinsichtlich der Nutzung der Wissensbasis festgelegt und es ist weiter klar, wie zusätzlich notwendiges Wissen erschlossen wird.	
Summe der Erfüllungsgrade:	
Geteilt durch Anzahl Feststellungen:	3
Gesamterfüllungsgrad Normkapitel 7.1.6	

Normkapitel: 7.2 Kompetenz, 7.3 Bewusstsein

Kurzerklärung

Die Norm möchte dafür sorgen, dass die Menschen in der Organisation so aus- und fortgebildet sind, dass sie den Anforderungen ihres Arbeitsplatzes gerecht werden können. Weiter soll eine angemessene Beteiligung der Menschen erreicht werden. Auch sollen sich die Mitarbeiter im Unternehmen ihres eigenen Beitrags zur Zielerreichung etc. bewusst sein.

Forderungen der DIN EN ISO 9001 (zwingend)

Das Unternehmen **muss**

- das Personal durch Ausbildung, Schulung, Fertigkeiten und Erfahrungen zur Erreichung der Unternehmensziele und Verbesserung der Wirksamkeit und Effizienz der Organisation befähigen
- die notwendigen Fähigkeiten des Personals ermitteln, z. B. in Form eines Sollprofils oder einer Stellenbeschreibung
- den erforderlichen Schulungsbedarf ermitteln und die Wirksamkeit durchgeführter Schulungen oder anderer entsprechender Maßnahmen beurteilen
- sicherstellen, dass dem Personal die Wichtigkeit seiner Tätigkeit und die Bedeutung des eigenen Beitrags zur Erreichung der Qualitätsziele und des Unternehmenserfolgs bekannt ist
- dokumentierte Informationen über Ausbildung, Schulung, Fertigkeiten und Erfahrung führen, z. B. in Form von Zeugnissen, Urkunden und Teilnahmebescheinigungen (siehe 7.5).

Weitergehende Hinweise der DIN EN ISO 9004 (Kap. 6.3)

Im vorliegenden Normkapitel geht der Leitfaden DIN EN ISO 9004 weit über die Forderungen der Nachweisstufe DIN EN ISO 9001 hinaus. Es finden sich viele Aspekte, die zur Einbeziehung der Mitarbeiter gehören. Das Spektrum der Themen geht bis hin zur Frage der Motivation und formuliert viele Dinge aus dem Total Quality Management.

Hinweise zur Umsetzung

Gerade Dienstleistungsunternehmen sind gut beraten, im Thema Personal und Mitarbeitereinbeziehung mehr zu tun als lediglich die Forderungen der Nachweisstufe umzusetzen. Bei Dienstleistungsunternehmen hängt die Qualität der Dienstleistung sehr stark von der Qualifikation und Motivation der Mitarbeiter ab, die die Dienstleistung erbringen, wie jedermann nachvollziehen kann, der einmal mit unmotiviertem oder unqualifiziertem Servicepersonal konfrontiert war.

Kernbereiche der Selbsteinschätzung

Feststellung	Erfüllungsgrad 0 bis 100 %
Bei uns ist das Personal durch Ausbildung, Schulung, Fertigkeiten und Erfahrungen zur Erreichung der Unternehmensziele und Verbesserung der Wirksamkeit und Effizienz der Organisation fähig.	
Es werden die notwendigen Fähigkeiten des Personals ermittelt, z. B. in Form eines Sollprofils oder einer Stellenbeschreibung.	
In unserer Organisation wird der erforderliche Schulungsbedarf ermittelt und die Wirksamkeit durchgeführter Schulungen oder anderer entsprechender Maßnahmen beurteilt.	
Es ist sichergestellt, dass dem Personal die Wichtigkeit seiner Tätigkeit und die Bedeutung des eigenen Beitrags zur Erreichung der Qualitätsziele und des Unternehmenserfolgs bekannt sind.	
In unserem Haus werden Aufzeichnungen über Ausbildung, Schulung, Fertigkeiten und Erfahrung geführt, z. B. in Form von Zeugnissen, Urkunden und Teilnahmebescheinigungen (siehe 7.5).	
Summe der Erfüllungsgrade:	
Geteilt durch Anzahl Feststellungen:	5
Gesamterfüllungsgrad Normkapitel 7.2–7.3	

Normkapitel: 7.4 Kommunikation

Kurzerklärung

Das vorliegende Normkapitel möchte erreichen, dass in den Dienstleistungsunternehmen eine geeignete Kommunikation sowohl intern als auch nach außen realisiert wird.

Forderungen der DIN EN ISO 9001 (zwingend)

Das Unternehmen **muss** hinsichtlich der internen und externen Kommunikation festlegen:

- was ist zu kommunizieren?
- wann ist zu kommunizieren?
- mit wem ist zu kommunizieren?
- wie ist zu kommunizieren?
- wer kommuniziert?

Weitergehende Hinweise der DIN EN ISO 9004 (Kap. 5.4)

Die DIN EN ISO 9004 gibt in diesem Zusammenhang einige zusätzliche Hinweise zur Kommunikation von Strategie und Politik.

Hinweise zur Umsetzung

„Informationen sind der Sauerstoff eines Unternehmens", unter dieses Motto könnte man das vorliegende Normkapitel stellen. Die Norm verlangt hier die Festlegung der internen und externen Kommunikationskanäle und der damit zusammenhängenden Verantwortungen. Man könnte die Forderungen dieses Normkapitels umsetzen, indem man sowohl für die interne als auch für die externen Kommunikation eine Matrix aufstellt, die festlegt:

- welche Regelkommunikation stattfindet
- wer dafür verantwortlich ist
- wer daran teilnimmt
- zu kommunizierende Themen
- wie oft
- welcher Kommunikationskanal (Besprechung, Telefonkonferenz, ...)
- ob zu protokollieren ist oder nicht.

Kernbereiche der Selbsteinschätzung

Feststellung	Erfüllungsgrad 0 bis 100 %
In unserem Unternehmen ist die interne und externe Kommunikation geregelt.	
Es ist festgelegt, welche regelmäßigen Sitzungen etc. stattfinden.	
Es ist festgelegt, was zu kommunizieren ist.	
Es ist festgelegt, wann zu kommunizieren ist.	
Es ist festgelegt, mit wem zu kommunizieren ist.	
Es ist festgelegt, in welcher Art zu kommunizieren ist.	
Summe der Erfüllungsgrade:	
Geteilt durch Anzahl Feststellungen:	6
Gesamterfüllungsgrad Normkapitel 7.4	

Normkapitel: 7.5 Dokumentierte Information

Kurzerklärung

Die Norm möchte erreichen, dass alle in der Organisation mit aktuellen Unterlagen arbeiten. Aktuell bedeutet in diesem Zusammenhang geprüft und freigegeben. Weiter soll erreicht werden, dass in den Unternehmen die Unterlagen festgelegt sind, die später nochmals benötigt werden. Auch soll die Archivierung der Unterlagen in geordneter Weise und für eine festgelegte Dauer stattfinden.

Forderungen der DIN EN ISO 9001 (zwingend)

Das Unternehmen **muss**

- die vom QM-System geforderten Dokumente lenken und festlegen;
  - Genehmigung vor Verteilung
  - Überprüfung, Aktualisierung bei Bedarf und erneuter Genehmigung
  - Kennzeichnung von Änderungen einschließlich des aktuellen Versionsstandes
  - Sicherstellung der Verfügbarkeit aktueller Dokumente dort, wo benötigt
  - Lesbarkeit und Erkennbarkeit
  - Kennzeichnung und Verteilung externer Dokumente, soweit wichtig
  - Vernichtung oder Kennzeichnung veralteter Dokumente, um eine unbeabsichtigte Verwendung zu verhindern
- die zur Nachweisführung und Wirksamkeitsprüfung benötigten Unterlagen lenken und festlegen:
  - Aufbewahrung
  - Schutz
  - Wiederauffindbarkeit
  - Aufbewahrungsfrist
  - Beseitigung
  - Lesbarkeit und Erkennbarkeit.

Weitergehende Hinweise der DIN EN ISO 9004

Der Leitfaden zur Leistungsverbesserung enthält hier keine zusätzlichen Ausführungen.

Hinweise zur Umsetzung

Gerade hinsichtlich der Festlegung des Umgangs mit der QM-Dokumentation und der anfallenden Nachweisunterlagen wurde in der Vergangenheit sehr viel Überreglementierung betrieben. Wichtig ist es festzulegen, wie die Mitarbeiter im Unternehmen auf die wichtigen Unterlagen wie Prozessbeschreibungen und notwendige Formulare zugreifen können. Es ist immer zu empfehlen, diese Unterlagen per EDV zur Verfügung zu stellen. Bei der Erstellung der QM-Dokumentation sollte man sich immer wieder die in der Norm DIN EN ISO 9001:2015 vorhandene Anmerkung zum Umfang einer QM-Dokumentation vor Augen führen. Danach hängt der Umfang einer QM-Dokumentation von 3 Parametern ab:

- Größe der Organisation und Art der Prozesse und Dienstleistungen
- Komplexität und Arbeitsteiligkeit der Prozesse
- Qualifikation des Personals.

Dabei deuten zumindest 2 der Parameter bei Dienstleistungsunternehmen darauf hin, dass hier eine schlanke Dokumentation vorliegen sollte. Dienstleistungsunternehmen sind sehr häufig kleinere Organisationen und gehören oft zu den kleinen und mittleren Unternehmen (KMU). Weiter sind die Prozesse in Dienstleistungsunternehmen in aller Regel nicht so komplex wie bei vielen produzierenden Organisationen. Auch die Arbeitsteiligkeit der Prozesse ist als Folge der Unternehmensgröße in der Regel nicht so hoch wie im produzierenden Gewerbe.

Auch die Archivierung der Unterlagen, die später nochmals benötigt werden, ist in diesem Zusammenhang zu regeln. Hier gilt nicht, dass alles aufzubewahren ist.

Kernbereiche der Selbsteinschätzung

Feststellung	**Erfüllungsgrad 0 bis 100 %**
Bei uns werden die vom QM-System geforderten Dokumente gelenkt und es gibt ein Verfahren bezüglich	–
– Erstellung und Aktualisierung.	
– Kennzeichnung und Beschreibung.	
– Format und Medium.	
– Überprüfung und Genehmigung bzgl. Eignung und Angemessenheit.	
– Verfügbarkeit der Unterlagen.	
– Schutz.	
– Verteilung, Zugriff, Auffindung und Verwendung.	
– Ablage, Speicherung und Erhaltung.	
– Überwachung von Veränderungen.	
– Aufbewahrung und Verfügung über den weiteren Verbleib.	
Externe Dokumente werden in unserem Unternehmen angemessen gelenkt.	
Wichtige Nachweisunterlagen werden in unserem Unternehmen vor unbeabsichtigten Änderungen geschützt.	
Summe der Erfüllungsgrade:	
Geteilt durch Anzahl Feststellungen:	12
Gesamterfüllungsgrad Normkapitel 7.5	

9.1.5 Normkapitel DIN EN ISO 9001: 8 Betrieb

Normkapitel: 8.1 Betriebliche Planung und Steuerung

Kurzerklärung

Das vorliegende Normkapitel möchte erreichen, dass die Wertschöpfungsprozesse geplant und festgelegt werden, die ablaufen, wenn eine Dienstleistung entwickelt, vermarktet, erbracht und nachbetreut wird.

Forderungen der DIN EN ISO 9001 (zwingend)

Das Unternehmen **muss**

- die operativen Realisierungsprozesse unter Berücksichtigung folgender Gesichtspunkte planen, verwirklichen und steuern:
  - Anforderungen an die Dienstleistungen
  - Kriterien für die Prozesse
  - Kriterien für die Annahme der Dienstleistungen
  - Notwendige Ressourcen, um regelgerechte Dienstleistungen entwickeln, anbieten und erbringen zu können
  - Steuerung der Prozesse
- das Planungsergebnis in einer der Organisation angemessenen Form dokumentieren, z. B. in Form eines Flussdiagrammes der Prozesse und/oder in Form von Prozessbeschreibungen
- sicherstellen, dass das Planungsergebnis für die Betriebsabläufe geeignet ist
- geplante Änderungen überwachen
- sicherstellen, dass ausgegliederte Prozesse gesteuert werden.

Weitergehende Hinweise der DIN EN ISO 9004 (Kap. 7.2)

Die Norm DIN EN ISO 9004 geht in diesem Zusammenhang weit über die Inhalte der Nachweisstufe DIN EN ISO 9001 hinaus. Hier findet sich eine recht umfassende Anleitung zum Prozessmanagement.

Es können die folgenden Themen nachgelesen werden:

- Einordnung des Prozessmanagements
- Prinzipien des Prozessmanagements
- Ziele des Prozessmanagements
- Leiten und Lenken von Prozessen
- Prozesseingaben, -ergebnisse und -bewertungen.

Hinweise zur Umsetzung

Zur Umsetzung ist es unabdingbar, dass man zunächst die Produktstruktur des eigenen Hauses klärt, denn von der Produktstruktur hängt letztendlich die Struktur der operativen Prozesse ab. Hinter jeder Produktgruppe, die eine Organisation vermarktet, läuft ein Haupt- oder Wertschöpfungsprozess ab. Beispielsweise hat ein Dienstleistungsunternehmen, das einerseits Firmenschulungen im EDV-Bereich und andererseits EDV-Beratung anbietet, sicherlich entsprechend zwei unterschiedliche Hauptprozesse.

Hinzuweisen ist in diesem Zusammenhang auf die Ausführungen in Kapitel 8 des vorliegenden Buches.

Kernbereiche der Selbsteinschätzung

Feststellung	Erfüllungsgrad 0 bis 100 %
Bei uns werden die operativen Realisierungsprozesse (d. h. alle Prozesse, die sich auf die Entwicklung, Vorbereitung, Durchführung und Nachbetreuung der Dienstleistungen beziehen) unter Berücksichtigung folgender Gesichtspunkte geplant, umgesetzt und gesteuert:	–
– Anforderungen an die Dienstleistungen.	
– Kriterien für die Prozesse.	
– Notwendige Ressourcen, um regelgerechte Dienstleistungen entwickeln, anbieten und erbringen zu können.	
– Angemessene Dokumentation der Prozesse.	
– Dokumentation der Prozesse ist für die Betriebsabläufe geeignet.	
– Geplante Änderungen werden überwacht.	
– Ausgegliederte Prozesse werden überwacht.	
Summe der Erfüllungsgrade:	
Geteilt durch Anzahl Feststellungen:	7
Gesamterfüllungsgrad Normkapitel 8.1	

Normkapitel 8.2: Anforderungen an Produkte und Dienstleistungen

Kurzerklärung

Das vorliegende Normkapitel möchte erreichen, dass Kunden nicht zugesagt wird, was später nicht oder nur unter Schwierigkeiten erbracht werden kann. Dazu gehören selbstverständlich die Kenntnis der Anforderungen der Kunden und die Frage der Kommunikation mit ihnen.

Forderungen der DIN EN ISO 9001 (zwingend)

Das Unternehmen **muss**

- Regelungen und Kommunikationswege mit dem Kunden festlegen bezüglich:
  - Produktinformationen
  - Handhabung von Anfragen, Verträgen und deren Änderungen
  - Umgang mit Kundenreaktionen einschließlich Beschwerden
- Produktanforderungen der Kunden einschließlich Lieferung und anschließender Tätigkeiten ermitteln
- vom Kunden vorausgesetzte Anforderungen an das Produkt formulieren
- die gesetzlichen und behördlichen Anforderungen an das Produkt erfassen
- die Kundenanforderungen vor Angebotsabgabe und/oder Vertragsannahme bewerten und die Produktanforderungen festlegen, Widersprüche bereinigen und die Erfüllbarkeit der festgelegten Anforderungen sicherstellen
- Bewertungsergebnisse und mögliche Folgemaßnahmen als Aufzeichnungen führen (siehe 4.2.4)
- vom Kunden nicht dokumentierte Anforderungen vor Vertragsannahme bestätigen
- bei Änderungen der Produktanforderungen oder Dienstleistungskriterien sowohl Änderung der zutreffenden Dokumente als auch die Information des zuständigen Personals sicherstellen.

Weitergehende Hinweise der DIN EN ISO 9004 (Kap. 4.3, 5.4)

Der Leitfaden zum „Lenken und Leiten für den nachhaltigen Erfolg einer Organisation“ weitet den Betrachtungshorizont beim vorliegenden Thema von der Kundensicht der DIN EN ISO 9001 aus auf die Betrachtung der Prozesse bezüglich interessierter Parteien. Es wird also eine breitere Außenbetrachtung angestellt als in der Nachweisstufe. Es wird den Unternehmen der Blick über den Zaun nach außen nahegelegt, um beispielsweise auch von Konkurrenzunternehmen zu lernen bzw. die Erfodernisse des Marktes möglichst frühzeitig aufzunehmen.

Weiter macht die Norm DIN EN ISO 9004 zusätzliche Aussagen hinsichtlich der Kommunikation innerhalb und aus dem Unternehmen hinaus.

Hinweise zur Umsetzung

Bei der Umsetzung der vorliegenden Normforderungen sollte sich ein Unternehmen zunächst die Frage stellen, wer seine Kunden sind. Beispielsweise hat ein Bildungsanbieter in der Regel zwei Kundengruppen: Teilnehmer an den Seminaren und Auftraggeber der Seminare. Die Forderungen der beiden Kundengruppen sind in vielen Fällen nicht deckungsgleich, sondern werden sich im Gegenteil sogar teilweise widersprechen. Deshalb ist die Festlegung und Diskussion der Kundengruppen bei der Umsetzung des vorliegenden Normkapitels von großer Bedeutung.

Kernbereiche der Selbsteinschätzung

Feststellung	Erfüllungsgrad 0 bis 100 %
Bei uns werden Anforderungen der Kunden an unsere Dienstleistungen einschließlich Lieferung und anschließender Tätigkeiten ermittelt, z. B. Termin, Ort, Dienstleistungspersonal, Methode, Beratung, Service, Nachbetreuung.	
Vom Kunden vorausgesetzte Anforderungen an das Produkt werden von uns formuliert.	
Gesetzliche und behördliche Anforderungen an das Produkt werden bei uns erfasst.	
Die Kundenanforderungen werden bei uns vor Angebotsabgabe und/oder Vertragsannahme bewertet und festgelegt, Widersprüche werden bereinigt und die Erfüllbarkeit der festgelegten Anforderungen wird sichergestellt.	
Es werden die Bewertungsergebnisse und mögliche Folgemaßnahmen als dokumentierte Information geführt.	
Kundeneigentum wird bei uns geschützt und gesteuert.	
Bei uns ist sichergestellt, dass bei Änderungen der Anforderungen an die Dienstleistungen sowohl die zutreffenden Dokumente geändert werden als auch das zuständige Personal informiert wird.	
Bei uns existieren Regelungen und Kommunikationswege mit dem Kunden bezüglich: – Produktinformationen. – Handhabung von Anfragen, Verträgen und deren Änderungen. – Umgang mit Kundenreaktionen einschließlich Beschwerden.	
Summe der Erfüllungsgrade:	
Geteilt durch Anzahl Feststellungen:	8
Gesamterfüllungsgrad Normkapitel 8.2	

Normkapitel: 8.3 Entwicklung von Produkten und Dienstleistungen

Kurzerklärung

Das vorliegende Normkapitel möchte erreichen, dass Dienstleistungen in geregelter Art und Weise entwickelt werden, um die Erwartungen der Kunden zu treffen.

Forderungen der DIN EN ISO 9001 (zwingend)

Das Unternehmen **muss**

- Produktentwicklungen planmäßig durchführen
- angemessene Entwicklungsphasen einschließlich notwendiger Prüftätigkeiten festlegen
- die Verantwortungen, Befugnisse und Schnittstellen zwischen Gruppen festlegen, die an der Entwicklung beteiligt sind
- die Kommunikation zwischen beteiligten Gruppen regeln
- eine angemessene Aktualisierung der Entwicklungsplanung im Laufe der Entwicklung sicherstellen
- Entwicklungseingaben bezogen auf Produktanforderungen ermitteln und aufzeichnen
- Entwicklungseingaben bezüglich Funktions- und Leistungsanforderungen und behördlicher und gesetzlicher Anforderungen ermitteln und aufzeichnen
- Entwicklungseingaben bezogen auf Anforderungen und Informationen aus Vorgängerentwicklungen ermitteln und aufzeichnen
- die Entwicklungseingaben hinsichtlich ihrer Angemessenheit prüfen und unvollständige, mehrdeutige oder sich widersprechende Anforderungen klären
- anhand der Entwicklungsergebnisse eine Prüfung gegenüber den Entwicklungseingaben durchführen
- die Entwicklungsergebnisse vor der Dienstleistungserbringung genehmigen
- sicherstellen, dass die Entwicklungsergebnisse die Entwicklungsvorgaben erfüllen
- Annahme- bzw. Ausschlusskriterien für die Dienstleistung erarbeiten
- die Dienstleistungsmerkmale festlegen
- systematische Bewertungen und Prüfungen in geeigneten Phasen unter Einbeziehung der an der Entwicklung beteiligten Gruppen durchführen, um eine Beurteilung des Ergebnisses hinsichtlich der Erfüllung der Anforderungen vorzunehmen

- bei erkannten Problemen geeignete Folgemaßnahmen festlegen
- die Ergebnisse der Bewertungen einschließlich Folgemaßnahmen als dokumentierte Information führen
- Prüfungen gemäß der Planung gegenüber den Entwicklungseingaben durchführen
- die Ergebnisse dieser Entwicklungsverifizierung als dokumentierte Informationen aufzeichnen
- eine abschließende Prüfung gegenüber den Kundenanforderungen gemäß Entwicklungsplan durchführen
- wenn möglich, eine Überprüfung der Dienstleistung vor ihrer erstmaligen Erbringung vornehmen
- die Ergebnisse der Entwicklungsvalidierung als dokumentierte Information aufzeichnen
- Entwicklungsänderungen ermitteln und kennzeichnen
- eine Beurteilung der Auswirkungen von Entwicklungsänderungen vornehmen und, soweit angemessen, eine erneute Überprüfung gegenüber organisationseigenen und Kundenanforderungen sowie eine Genehmigung vor der praktischen Einführung durchführen
- Entwicklungsänderungen und ihre Bewertung als dokumentierte Informationen aufzeichnen.

Weitergehende Hinweise der DIN EN ISO 9004 (Kap. 9.3)

Auch beim vorliegenden Normkapitel geht die DIN EN ISO 9004 weit über die Inhalte der Nachweisstufe hinaus, indem sie viele Gesichtspunkte nennt, die bei der Entwicklung von Produkten und Dienstleistungen beachtet werden sollten. Dabei versucht sie, dazu beizutragen, dass möglichst innovative Produkte entwickelt werden. Innovation ist das Thema des Kapitels 9.3 der Norm DIN EN ISO 9004.

Hinweise zur Umsetzung

Auch bei der Festlegung der Abläufe zur Entwicklung von Dienstleistungen ist es von hoher Bedeutung, dass die Produktstruktur des Unternehmens geklärt ist. Der Entwicklungsablauf hängt sehr stark von der zu entwickelnden Dienstleistung ab. Entwickelt ein Gebäudereinigungsunternehmen beispielsweise eine komplett neue Dienstleistungsart (z. B. Gebäudeverwaltung), so werden andere Entwicklungsabläufe notwendig sein, als wenn für einen einzelnen Kunden die Dienstleistung „Reinigung eines Gebäudes“ entwickelt wird.

Kernbereiche der Selbsteinschätzung

Feststellung	**Erfüllungsgrad 0 bis 100 %**
Bei uns werden Produktentwicklungen planmäßig durchgeführt.	
Es sind angemessene Entwicklungsphasen wie z. B. Grob- und Feinkonzeptionierung einschließlich notwendiger Prüftätigkeiten festgelegt.	
Die Verantwortungen, Befugnisse und Schnittstellen zwischen Gruppen, die an der Entwicklung beteiligt sind (z. B. Stabsstellen, unterschiedliche Abteilungen und Standorte), sind festgelegt.	
Die Kommunikation zwischen beteiligten Gruppen ist geregelt.	
Es erfolgt eine angemessene Aktualisierung der Entwicklungsplanung im Laufe der Entwicklung.	
Entwicklungseingaben werden bezogen auf Produktanforderungen ermittelt und aufgezeichnet, z. B. in Form von Anforderungen des Auftraggebers.	
Entwicklungseingaben werden bezüglich Funktions- und Leistungsanforderungen und behördlicher und gesetzlicher Anforderungen ermittelt und aufgezeichnet, z. B. bei einem Seminaranbieter Seminarinhalte und -ziele.	
Entwicklungseingaben werden bezogen auf Anforderungen und Informationen aus Vorgängerentwicklungen ermittelt und aufgezeichnet, z. B. ebenfalls Seminarinhalte und -ziele.	
Entwicklungseingaben werden hinsichtlich ihrer Angemessenheit geprüft und unvollständige, mehrdeutige oder sich widersprechende Anforderungen werden geklärt.	
Es erfolgt anhand der Entwicklungsergebnisse eine Prüfung gegenüber den Entwicklungseingaben.	
Die Entwicklungsergebnisse (z. B. beim Seminaranbieter der Lehrgangsordner) werden vor der Herausgabe genehmigt.	
Wir stellen sicher, dass die Entwicklungsergebnisse die Entwicklungsvorgaben erfüllen.	
Es gibt Annahme- bzw. Ausschlusskriterien für die Dienstleistung wie z. B. Vorgaben für Besteherquoten bei Seminaren, die mit einer Prüfung enden.	

Fortsetzung der Tabelle auf der nächsten Seite

Feststellung	**Erfüllungsgrad 0 bis 100 %**
Bei uns sind die Merkmale der Dienstleistungen festgelegt.	
Es werden systematische Bewertungen und Prüfungen in geeigneten Phasen unter Einbeziehung der an der Entwicklung beteiligten Gruppen durchgeführt, um eine Beurteilung des Ergebnisses hinsichtlich der Erfüllung der Anforderungen vorzunehmen.	
Bei erkannten Problemen werden geeignete Folgemaßnahmen vorgeschlagen.	
Die Ergebnisse der Bewertungen werden einschließlich Folgemaßnahmen als dokumentierte Informationen geführt.	
Es finden gemäß der Planung Prüfungen gegenüber den Entwicklungseingaben wie z. B. den selbstformulierten Anforderungen statt.	
Die Ergebnisse dieser Entwicklungsverifizierung werden als dokumentierte Informationen geführt.	
Es findet eine abschließende Prüfung gegenüber den Kundenanforderungen gemäß Entwicklungsplan statt.	
Bei uns wird, wenn möglich, eine Überprüfung vor der erstmaligen Erbringung der Dienstleistung vorgenommen.	
Die Ergebnisse der Entwicklungsvalidierung werden als dokumentierte Informationen geführt.	
Entwicklungsänderungen werden ermittelt und gekennzeichnet.	
Es wird eine Beurteilung der Auswirkungen der Entwicklungsänderungen vorgenommen und es findet, soweit angemessen, eine erneute Überprüfung und Genehmigung vor der praktischen Einführung statt.	
Entwicklungsänderungen und ihre Bewertung werden als dokumentierte Informationen geführt.	
Summe der Erfüllungsgrade:	
Geteilt durch Anzahl Feststellungen:	25
Gesamterfüllungsgrad Normkapitel 8.3	

Normkapitel: 8.4 Steuerung von extern bereitgestellten Prozessen, Produkten und Dienstleistungen

Kurzerklärung

Das vorliegende Normkapitel möchte gewährleisten, dass beschaffte Güter und Dienstleistungen, die auf die eigene Qualität der Dienstleistung des Unternehmens einen Einfluss haben, die gewünschten Qualitätsanforderungen erfüllen.

Forderungen der DIN EN ISO 9001 (zwingend)

Das Unternehmen **muss**

- sicherstellen, dass extern bereitgestellte Prozesse unter der Steuerung des eigenen QM-Systems verbleiben
- die Erfüllung festgelegter Beschaffungsanforderungen sicherstellen
- die Beschaffungsarten entsprechend ihrem Einfluss auf die eigene Qualität und die nachfolgende Produktrealisierung identifizieren
- die Bedeutung der zu beschaffenden Produkte und Dienstleistungen zum Gradmesser für die Festlegung von Art, Umfang und Grad der Überwachung der Beschaffung machen
- eine Auswahl der Lieferanten, Bewertung und wiederkehrende Beurteilung ihrer Eignung anhand festgelegter Kriterien vornehmen
- Ergebnisse von Lieferantenbeurteilungen einschließlich Folgemaßnahmen als Aufzeichnungen führen
- die zu beschaffenden Produkte und Dienstleistungen eindeutig und umfassend spezifizieren:
  - Produkte
  - Verfahren
  - Prozesse
  - Ausrüstung
  - Personal
  - Qualitätssicherungsmaßnahmen seitens des Lieferanten
- die Angemessenheit der Beschaffungsangaben sicherstellen, bevor sie dem Lieferanten mitgeteilt werden
- notwendige Eingangsprüfungen festlegen und durchführen
- eine mögliche Überprüfung auf der Bestellung vermerken, wenn sie beim Lieferanten durchgeführt wird.

Weitergehende Hinweise der DIN EN ISO 9004 (Kap. 6.4.1, 6.4.2)

Der Leitfaden zur Leistungsverbesserung macht auch beim Thema Beschaffung wesentliche zusätzliche Ausführungen. Die Forderungen der DIN EN ISO 9001 werden erweitert um Aspekte, die das Verhältnis zwischen eigener Organisation und Lieferanten in Richtung auf Partnerschaft interpretieren. Dabei sollte das Unternehmen sogar die Fähigkeiten der Lieferanten verbessern.

Hinweise zur Umsetzung

Sehr wichtig ist es, den Einfluss der beschafften Produkte und Dienstleistungen auf die Qualität der eigenen Organisation zu bewerten und vom Ergebnis die Regelungstiefe abhängig zu machen. In der Vergangenheit gab es immer wieder Fälle, in denen umfängliche Regelungen die Beschaffung von Büromaterial betrafen, obwohl der ursächliche Zusammenhang zwischen Qualität des Büromaterials und Qualität der eigenen Dienstleistungen nicht unbedingt zwingend vorhanden war.

Kernbereiche der Selbsteinschätzung

Feststellung	**Erfüllungsgrad 0 bis 100 %**
In unserem Unternehmen werden ausgegliederte Prozesse durch unser QM-System gesteuert.	
Bei uns wird die Erfüllung festgelegter Beschaffungsanforderungen sichergestellt.	
Die Beschaffungsarten sind entsprechend ihrem Einfluss auf die eigene Qualität und die Dienstleistungserbringung identifiziert.	
Es entscheidet die Bedeutung der zu beschaffenden Produkte und Dienstleistungen über Art und Umfang und Grad der Überwachung bei der Beschaffung.	
Es werden Auswahl der Lieferanten, Bewertung und wiederkehrende Beurteilung ihrer Eignung anhand festgelegter Kriterien vorgenommen, z. B. Qualität der gelieferten Produkte, Preis-Leistungs-Verhältnis, Termintreue, Flexibilität, Umgang mit Beschwerden und Fehlern, Service.	
Ergebnisse von Lieferantenbeurteilungen einschließlich Folgemaßnahmen werden als Aufzeichnungen geführt.	
Die zu beschaffenden Produkte und Dienstleistungen werden eindeutig und umfassend spezifiziert:	–
– Produkte, z. B. Ziele, Inhalte, Methoden eines eingekauften Lehrgangskonzeptes.	
– Verfahren und Prozesse, z. B. Herstellung eines Kaufteils mit einem bestimmten Verfahren.	
– Ausrüstung, z. B. eingesetzte Hard- und Software.	
– Personal, z. B. Qualifikation, Referenzen, Erfahrungen.	

Fortsetzung der Tabelle auf der nächsten Seite

Feststellung	**Erfüllungsgrad 0 bis 100 %**
– Qualitätssicherungsmaßnahmen seitens des Lieferanten, z. B. Zertifizierung vorhanden, Erfüllung von Anforderungen einer Gütegemeinschaft.	
Die Angemessenheit der Beschaffungsangaben wird sichergestellt, bevor sie dem Lieferanten mitgeteilt werden.	
Es werden notwendige Eingangsprüfungen festgelegt und durchgeführt, z. B. Lehrprobe bei „eingekaufter“ Honorarkraft, Eignungstest bei Materialien, Sicht- und Vollständigkeitsprüfungen.	
Es wird eine mögliche Überprüfung auf der Bestellung vermerkt, wenn sie beim Lieferanten durchgeführt wird, z. B. Teilnahme an einem Standardseminar beim „zugekauften“ externen Dozenten, um eine Entscheidung darüber zu treffen, ob dieser mit seinem Seminar für das eigene Haus in Frage kommt.	
Summe der Erfüllungsgrade:	
Geteilt durch Anzahl Feststellungen:	14
Gesamterfüllungsgrad Normkapitel 8.4	

Normkapitel: 8.5 Produktion und Dienstleistungserbringung, 8.5.1 Steuerung der Produktion und der Dienstleistungserbringung

Kurzerklärung

Die Erbringung der Dienstleistungen soll unter festgelegten und beherrschten Bedingungen vonstattengehen.

Forderungen der DIN EN ISO 9001 (zwingend)

Das Unternehmen **muss**

- die Dienstleistungserbringung (z. B. Seminardurchführung) unter beherrschten Bedingungen durchführen bezüglich:
  - Festlegung und Verfügbarkeit von Produktmerkmalen
  - Vorhandensein von Durchführungsregelungen
  - Gebrauch geeigneter Ausrüstung
  - Verfügbarkeit und Gebrauch von Mess- und Überwachungsmitteln
  - Verfügbarkeit angemessen qualifizierten Personals
  - Durchführung von Überwachungstätigkeiten
  - Überprüfung der benötigten Einrichtungen und Materialien vor Beginn der Erbringung
  - Festlegung der Abläufe zur Überprüfung der Leistungserbringung.

Weitergehende Hinweise der DIN EN ISO 9004

Hier enthält die Norm DIN EN ISO 9004 kaum zusätzliche Ausführungen.

Hinweise zur Umsetzung

Es muss im weitesten Sinne für eine stabile Arbeitsdurchführung bei der Erbringung der Dienstleistungen gesorgt werden.

Kernbereiche der Selbsteinschätzung

Feststellung	Erfüllungsgrad 0 bis 100 %
Bei uns findet die Dienstleistungserbringung (z. B. Seminardurchführung) unter beherrschten Bedingungen statt bezüglich:	–
– Festlegung und Verfügbarkeit von Produktmerkmalen, z. B. Lehrgangskatalog, Seminarprogramm, Flyer, Lehrgangsbeschreibung.	
– Vorhandensein von Durchführungsregelungen, z. B. Stunden-, Raum- und Einsatzplanung, methodisch-didaktische Festlegungen, standardisierte Unterrichtsvorbereitung, Verlaufsplan.	
– Gebrauch geeigneter Ausrüstung und Infrastruktur.	
– Einsatz von Mitarbeitern mit festgelegten Qualifikationen.	
– Verfügbarkeit und Gebrauch von Prüfmitteln, z. B. Teilnehmerbewertungsbogen, Hospitationsprotokoll und Checklisten.	
– Durchführung von Überwachungstätigkeiten, z. B. Unterrichtsbeobachtungen.	
– Überprüfung der benötigten Einrichtungen und Materialien vor Beginn der Leistungserbringung.	
– Festlegung der Abläufe zur Überprüfung der Leistungserbringung, z. B. Ermittlung der Teilnehmerzufriedenheit.	
Summe der Erfüllungsgrade:	
Geteilt durch Anzahl Feststellungen:	8
Gesamterfüllungsgrad Normkapitel 8.5.1	

Normkapitel: 8.5.2 Kennzeichnung und Rückverfolgbarkeit

Kurzerklärung

Das vorliegende Normkapitel möchte erreichen, dass auch spätere Nachfragen der Kunden ohne Probleme bearbeitet werden können und dass die entsprechenden Unterlagen ohne Probleme gefunden werden.

Forderungen der DIN EN ISO 9001 (zwingend)

Das Unternehmen **muss**

- die Dienstleistungen, wo notwendig, in geeigneter Weise während der gesamten Dienstleistungserbringung kennzeichnen
- den Status der Dienstleistungen bezüglich der Ergebnisse der Prüftätigkeiten erkennbar halten
- wenn gefordert die Rückverfolgbarkeit durch entsprechende dokumentierte Informationen sicherstellen.

Weitergehende Hinweise der DIN EN ISO 9004

Keine zusätzlichen Anmerkungen der Norm DIN EN ISO 9004.

Hinweise zur Umsetzung

Die Regelung der Kennzeichnung und Rückverfolgbarkeit von Dienstleistungen setzt voraus, dass ein klares Verständnis dahingehend vorhanden ist, welche Unterlagen eine Dienstleistung eindeutig spezifizieren. Dies mag bei einem Schulungsanbieter die Seminarnummer sein, bei einem Gebäudereinigungsunternehmen die Kundennummer, in einer Arztpraxis die Patientennummer. Ist hier festgelegt, welche Unterlagen eindeutig zu kennzeichnen sind, dann ist die Regelung selbst normalerweise unproblematisch.

Immer dann, wenn Geschäftsvorfälle per EDV gesteuert werden, ist die Kennzeichnung und Rückverfolgbarkeit in der Regel automatisch gegeben, denn die EDV verlangt eindeutige Schlüssel zur Speicherung.

Bei Dienstleistungsorganisationen ist das vorliegende Normkapitel sehr eng mit dem Kapitel 7.5.3 „Lenkung dokumentierter Informationen" verknüpft, denn die Produkte werden hier anhand von dokumentierten Aufzeichnungen materiell greifbar.

Kernbereiche der Selbsteinschätzung

Feststellung	Erfüllungsgrad 0 bis 100 %
Bei uns sind die Dienstleistungen in geeigneter Weise während des gesamten Erbringungsprozesses gekennzeichnet.	
Der Status unserer Dienstleistungen bezüglich der Ergebnisse der Prüftätigkeiten (z. B. Prüfung am Ende der Erbringung) ist erkennbar.	
Die Rückverfolgbarkeit wird bei uns durch entsprechende Aufzeichnungen sichergestellt.	
Summe der Erfüllungsgrade:	
Geteilt durch Anzahl Feststellungen:	3
Gesamterfüllungsgrad Normkapitel 8.5.2	

Normkapitel: 8.5.3 Eigentum der Kunden oder der externen Anbieter

Kurzerklärung

Das Normkapitel möchte erreichen, dass die Dinge, die von Kunden und Lieferanten zur Leistungserbringung beigesteuert werden, so gehandhabt werden, dass keine Verluste oder Beschädigungen eintreten können.

Forderungen der DIN EN ISO 9001 (zwingend)

Das Unternehmen **muss**

- sorgfältig mit Kunden- und Lieferanteneigentum umgehen
- Kunden- und Lieferanteneigentum kennzeichnen, verifizieren, schützen und sichern
- in Fällen von Verlust, Beschädigung und Unbrauchbarkeit Meldung an den Kunden oder Lieferanten machen
- dokumentierte Informationen darüber führen.

Weitergehende Hinweise der DIN EN ISO 9004

Keine zusätzlichen Anmerkungen der Norm DIN EN ISO 9004.

Hinweise zur Umsetzung

Zunächst ist die Frage zu beantworten, ob Kunden und Lieferanten irgendwelche Dinge in den Verantwortungsbereich des eigenen Unternehmens einbringen. Ist klar erkennbar, welche Dinge vom Kunden eingebracht werden, so müssen Schutzmechanismen entwickelt und festgelegt werden, die sicherstellen, dass keine Verluste oder Beschädigungen eintreten können.

Wichtig ist die Anmerkung, dass hier auch an geistiges Eigentum zu denken ist. Dazu gehören auch persönliche Daten. Damit ist in diesem Zusammenhang der komplette gesetzliche Datenschutz zu gewährleisten.

Kernbereiche der Selbsteinschätzung

Feststellung	Erfüllungsgrad 0 bis 100 %
In unserer Organisation ist transparent, welche Arten von Produkten und Dienstleistungen der Kunden und Lieferanten in unseren Verantwortungsbereich gelangen.	
Mit Kunden- und Lieferanteneigentum wird sorgfältig umgegangen, z. B. Konzepte des Auftraggebers, mitgebrachte Materialien und Gerätschaften.	
Kunden- und Lieferanteneigentum wird bei uns gekennzeichnet, verifiziert und geschützt.	
In Fällen von Verlust, Beschädigung und Unbrauchbarkeit erfolgt immer Meldung an den Kunden oder Lieferanten.	
Über solche Fälle werden dokumentierte Informationen geführt.	
Anmerkung: Eigentum des Kunden oder Lieferanten kann auch geistiges Eigentum sein.	–
Summe der Erfüllungsgrade:	
Geteilt durch Anzahl Feststellungen:	5
Gesamterfüllungsgrad Normkapitel 8.5.3	

Normkapitel: 8.5.4 Erhaltung

Kurzerklärung

Das vorliegende Normkapitel behandelt die Handhabung, Lagerung, Konservierung und den Versand von Produkten. Es ist bei Dienstleistungsorganisationen in aller Regel weniger bedeutsam, jedoch in den seltensten Fällen irrelevant (siehe hierzu auch die Hinweise zur Umsetzung).

Forderungen der DIN EN ISO 9001 (zwingend)

Das Unternehmen **muss**

- eine geeignete Handhabung, Verpackung, Lagerung und den geeigneten Schutz bei Versand aller Materialien sicherstellen, die bei der Dienstleistungserbringung benötigt werden.

Weitergehende Hinweise der DIN EN ISO 9004

Keine zusätzlichen Anmerkungen der Norm DIN EN ISO 9004.

Hinweise zur Umsetzung

Wie bereits erwähnt, ist das vorliegende Normkapitel bei Dienstleistungsorganisationen in aller Regel weniger bedeutsam, da eine umfassende Lagerung von Produkten nicht stattfindet.

Um die Normforderungen umzusetzen, sollte zunächst geklärt werden, in welchen Unterlagen die Dienstleistungen des eigenen Hauses greifbar werden. Bei einem Schulungsanbieter könnte dies in Form von Dozentenhandbüchern der einzelnen Seminare sein, bei einer Arztpraxis in Form eines Therapieplanes für die einzelnen Patienten. Weiter sollte geklärt werden, welche Einrichtungen zur Dienstleistungserbringung eingesetzt werden. Ist diese Klärung geschehen, ist zu regeln, wie mit den einzelnen Unterlagen und Materialien bzw. Maschinen umgegangen werden soll. Das Normkapitel sollte nicht so weit interpretiert werden, dass hier der Versand von Unterlagen per Post nochmals geregelt wird.

Bei Dienstleistungsorganisationen liegt eine deutliche Schnittstelle zwischen dem Normkapitel 8.5.4 und den Normkapiteln 7.5.3 „Lenkung dokumentierter Informationen“ und 8.5.2 „Kennzeichnung und Rückverfolgbarkeit“ vor.

Kernbereiche der Selbsteinschätzung

Feststellung	Erfüllungsgrad 0 bis 100 %
Bei uns ist geklärt, welche Materialien, Unterlagen und Gerätschaften hinsichtlich ihrer Lagerung etc. zu berücksichtigen sind.	
Eine geeignete Handhabung, Verpackung, Lagerung und der Schutz bei Versand aller Materialien sind sichergestellt, die bei der Dienstleistungserbringung benötigt werden.	
Summe der Erfüllungsgrade:	
Geteilt durch Anzahl Feststellungen:	2
Gesamterfüllungsgrad Normkapitel 8.5.4	

Normkapitel: 8.5.5 Tätigkeiten nach der Lieferung

Kurzerklärung

Das vorliegende Normkapitel verlangt die Festlegung der Tätigkeiten, die nach der Dienstleistungserbringung durchgeführt werden, also die Regelung der „Nachsorge“, sofern relevant.

Forderungen der DIN EN ISO 9001 (zwingend)

Das Unternehmen **muss**

- die Anforderungen an Tätigkeiten nach der Dienstleistungen erfüllen
- bei der Ermittlung der erforderlichen „Nachsorgetätigkeiten“ die folgenden Aspekte berücksichtigen:
  - gesetzliche und behördliche Bestimmungen,
  - mögliche unerwünschte Folgen der Dienstleistungen,
  - Art, Nutzung und beabsichtigte Lebensdauer der Dienstleistungen,
  - Kundenanforderungen,
  - Kundenfeedback.

Weitergehende Hinweise der DIN EN ISO 9004

Keine zusätzlichen Anmerkungen der Norm DIN EN ISO 9004.

Hinweise zur Umsetzung

Zunächst ist in diesem Zusammenhang zu klären, welche Aktivitäten nach der Erbringung der Dienstleistungen angeboten, aber auch von den Kunden erwünscht sind. Eine Heizungsbaufirma wird in aller Regel den Kunden Serviceverträge für die Heizungen anbieten, ein Seminaranbieter bietet möglicherweise für die ehemaligen Teilnehmer auch nach Abschluss der Seminare die Möglichkeit an, sich bei zusätzlichen Fragen an den Dozenten zu wenden. Sind diese „Nachsorgetätigkeiten“ erkannt, so müssen sie in strukturierter Form angeboten und durchgeführt werden.

Kernbereiche der Selbsteinschätzung

Feststellung	**Erfüllungsgrad 0 bis 100 %**
Die Anforderungen an „Nachsorgeaktivitäten“ sind in unserem Unternehmen festgelegt.	
Unsere „Nachsorgeaktivitäten“ erfüllen die zutreffenden gesetzlichen und behördlichen Anforderungen.	
Unsere „Nachsorgeaktivitäten“ berücksichtigen die möglichen unerwünschten Folgen unserer Dienstleistungen.	
Unsere „Nachsorgeaktivitäten“ berücksichtigen die Art, Nutzung und Lebensdauer unserer Dienstleistungen.	
Unsere „Nachsorgeaktivitäten“ berücksichtigen die Anforderungen der Kunden und das Feedback der Kunden.	
Summe der Erfüllungsgrade:	
Geteilt durch Anzahl Feststellungen:	5
Gesamterfüllungsgrad Normkapitel 8.5.5	

Normkapitel: 8.5.6 Überwachung von Änderungen

Kurzerklärung

Das vorliegende Normkapitel hat die strukturierte Bearbeitung von Änderungen der Dienstleistungserbringung zum Inhalt.

Forderungen der DIN EN ISO 9001 (zwingend)

Das Unternehmen **muss**

- Änderungen während der Dienstleistungserbringung überprüfen und steuern, um eine fehlerfreie Dienstleistung sicherzustellen
- dokumentierte Informationen zu den Änderungen erstellen, die durchgeführten Prüfungen, das beteiligte Personal und eventuell notwendige Folgemaßnahmen ausweisen.

Weitergehende Hinweise der DIN EN ISO 9004

Keine zusätzlichen Anmerkungen der Norm DIN EN ISO 9004.

Hinweise zur Umsetzung

Bei der Umsetzung des vorliegenden Normkapitels sollte zunächst geprüft werden, ob es im eigenen Unternehmen Änderungen, die sich während der Dienstleistungserbringung abspielen, überhaupt gibt. Vorstellbar ist bei einem Unternehmen der Finanzdienstleistung, dass sich hier Zinskonditionen verändern, während ein Gesamtangebot für einen Kunden erarbeitet wird. Dann ist es wichtig, dass die entsprechende Überprüfung der „Ordnungsgemäßheit" der Dienstleistung durchgeführt wird, dass die prüfenden Personen erkennbar sind und ob eventuell zu einem späteren Zeitpunkt eine neuerliche Überprüfung der Rentabilität eines angebotenen Anlagepakets durchgeführt wird.

Kernbereiche der Selbsteinschätzung

Feststellung	Erfüllungsgrad 0 bis 100 %
Änderungen unserer Dienstleistungen werden überprüft und gesteuert, um die „Fehlerfreiheit" zu gewährleisten.	
Änderungen unserer Dienstleistungen werden dokumentiert (was wurde geändert, welche Überprüfungen fanden statt, wer hat geprüft, sind eventuell zusätzliche Prüfungen notwendig).	
Summe der Erfüllungsgrade:	
Geteilt durch Anzahl Feststellungen:	2
Gesamterfüllungsgrad Normkapitel 8.5.6	

Normkapitel: 8.6 Freigabe von Produkten und Dienstleistungen

Kurzerklärung

Das vorliegende Normkapitel hat die Prüfung und Freigabe der Dienstleistungen zum Inhalt. Damit soll erreicht werden, dass eine Dienstleistung erst dann zum Kunden kommt, wenn sie die definierten Anforderungen erfüllt.

Forderungen der DIN EN ISO 9001 (zwingend)

Das Unternehmen **muss**

- Prüftätigkeiten geeignet festlegen
- sicherstellen, dass Dienstleistungen erst nach erfolgreicher Prüfung und Freigabe erbracht werden
- Prüftätigkeiten aufzeichnen.

Weitergehende Hinweise der DIN EN ISO 9004

Keine zusätzlichen Anmerkungen der Norm DIN EN ISO 9004.

Hinweise zur Umsetzung

Bei der Umsetzung des vorliegenden Normkapitels sollte spezifisch für die Dienstleistungen des eigenen Unternehmens überlegt werden, an welchen Stellen in den Wertschöpfungsprozessen Prüfungen der Dienstleistungen bereits stattfinden oder stattfinden müssen, um zu gewährleisten, dass die Dienstleistungen die eigenen und die Anforderungen der Kunden erfüllen. Beispielsweise wird ein Seminaranbieter erst dann in die Vermarktung gehen, wenn geprüft wurde, dass die angebotenen Seminare auch tatsächlich stattfinden können, also alle Infrastruktur und die entsprechenden Dozenten verfügbar sind.

Kernbereiche der Selbsteinschätzung

Feststellung	Erfüllungsgrad 0 bis 100 %
In unserem Unternehmen sind die durchzuführenden Prüftätigkeiten innerhalb der Wertschöpfungsprozesse festgelegt.	
In unserem Unternehmen ist sichergestellt, dass Dienstleistungserbringung erst nach erfolgreicher Prüfung und Freigabe erbracht werden.	
Bei uns werden Prüfungen und ihre Ergebnisse aufgezeichnet.	
Summe der Erfüllungsgrade:	
Geteilt durch Anzahl Feststellungen:	3
Gesamterfüllungsgrad Normkapitel 8.6	

Normkapitel: 8.7 Steuerung nichtkonformer Ergebnisse

Kurzerklärung

Das vorliegende Normkapitel möchte gewährleisten, dass erkannte Fehler an Dienstleistungen möglichst umgehend beseitigt werden und die entsprechenden Produkte so nachgebessert werden, dass möglichst keine oder geringe Auswirkungen auf die Kunden eintreten.

Forderungen der DIN EN ISO 9001 (zwingend)

Das Unternehmen **muss**

- die Kennzeichnung und Lenkung nichtkonformer Ergebnisse festlegen einschließlich der Verantwortlichkeiten für ihren Umgang
- Regelungen festlegen zum Umgang mit festgestellten Fehlern bezogen auf ihre Beseitigung, die Genehmigung nach Sonderfreigabe und den Ausschluss des ursprünglich beabsichtigten Gebrauchs
- die Fehlerdokumentation einschließlich der Folgemaßnahmen als dokumentierte Informationen führen
- eine erneute Prüfung nachgebesserter fehlerhafter Produkte durchführen
- angemessene Maßnahmen zu den Folgen oder möglichen Folgen von Fehlern ergreifen, die erst bei oder nach Erbringung der Leistung erkannt werden.

Weitergehende Hinweise der DIN EN ISO 9004

Keine zusätzlichen Anmerkungen der Norm DIN EN ISO 9004.

Hinweise zur Umsetzung

Bei der Umsetzung der vorliegenden Normforderungen sollte sich eine Organisation zunächst die Frage beantworten, welche Fehlerarten es bei ihr gibt und wann überhaupt von einem Fehler gesprochen werden kann. Gerade bei Dienstleistungen ist die Abweichung von einer Spezifikation wie im Produktionsbereich eben nicht so eindeutig vorhanden, so dass die Definition des Fehlers von fundamentaler Bedeutung ist. Wurde diese Festlegung getroffen, ist die Festlegung des Umgangs mit den Fehlern in der Regel relativ einfach zu treffen.

Kernbereiche der Selbsteinschätzung

Feststellung	Erfüllungsgrad 0 bis 100 %
In unserem Unternehmen existieren definierte Fehlerarten.	
Bei uns ist die Kennzeichnung und Lenkung fehlerhafter Ergebnisse anhand eines dokumentierten Verfahrens festgelegt einschließlich der Verantwortlichkeiten für ihren Umgang, z. B. bei räumlichen und technischen Mängeln bei der Dienstleistungserbringung.	
Es gibt Regelungen zum Umgang mit festgestellten Fehlern bezogen auf ihre Beseitigung, die Genehmigung nach Sonderfreigabe und den Ausschluss des ursprünglich beabsichtigten Gebrauchs.	
Es wird die Fehlerdokumentation einschließlich der Folgemaßnahmen als dokumentierte Information geführt.	
Es erfolgt eine erneute Prüfung nachgebesserter fehlerhafter Dienstleistungen.	
Es werden angemessene Maßnahmen zu den Folgen oder möglichen Folgen von Fehlern ergriffen, die erst bei oder nach Erbringung der Leistung erkannt werden, z. B. bei inhaltlichen Schwächen in einem Seminarkonzept, die erst am Lehrgangsende entdeckt werden.	
Summe der Erfüllungsgrade:	
Geteilt durch Anzahl Feststellungen:	6
Gesamterfüllungsgrad Normkapitel 8.7	

Normkapitel DIN EN ISO 9001: 9 Bewertung der Leistung

9.1.6

Normkapitel: 9.1 Überwachung, Messung, Analyse und Bewertung

Kurzerklärung

Das vorliegende Normkapitel stellt sicher, dass zur ständigen Verbesserung der Organisation die relevanten Zahlen, Daten und Fakten erhoben, analysiert und bewertet werden.

Forderungen der DIN EN ISO 9001 (zwingend)

Das Unternehmen **muss**

- die notwendigen Prüf-, Analyse- und Verbesserungsprozesse planen und durchführen, um folgende Ziele zu erreichen:
  - Produktkonformität
  - Leistung und Wirksamkeit des QM-Systems
  - ständige Verbesserung der Wirksamkeit des QM-Systems
- geeignete Methoden einschließlich statistischer Verfahren und deren Anwendung festlegen
- Methoden zur Ermittlung der Kundenzufriedenheit festlegen und geeignete Quellen für kundenbezogene Informationen nutzen
- sicherstellen, dass der Nachweis der Verwirklichung von Korrekturmaßnahmen erbracht wird
- geeignete Methoden zur Überwachung der Prozesse des QM-Systems anwenden
- bei Abweichungen Korrekturen und Korrekturmaßnahmen zur Sicherstellung der Produktkonformität ergreifen
- die Eignung des Produktes oder der Dienstleistung zur Erfüllung aller Anforderungen in geeigneten Phasen und entsprechend geplanter Tätigkeiten prüfen
- die prüfende und freigebende Stelle vermerken
- sicherstellen, dass die Dienstleistungserbringung erst nach Umsetzung aller Aktivitäten im Vorfeld durchgeführt wird.

Weitergehende Hinweise der DIN EN ISO 9004 (Kap. 8.1, 8.2 und 8.3)

Die Norm DIN EN ISO 9004 macht im vorliegenden Zusammenhang wenig zusätzliche Aussagen.

Hinweise zur Umsetzung

Wurden unter Kapitel 8 der Norm die operativen Prozesse festgelegt, die ablaufen, wenn eine Dienstleistung entwickelt, vermarktet, erbracht und nachbereitet wird, so ist es nun notwendig, die Festlegungen zu treffen, anhand derer die ständige Verbesserung der Produkte, der Prozesse, des gesamten QM-Systems geleistet werden soll.

Kernbereiche der Selbsteinschätzung

Feststellung	**Erfüllungsgrad 0 bis 100 %**
Bei uns werden die notwendigen Prüf-, Analyse- und Verbesserungsprozesse geplant und durchgeführt, um folgende Ziele zu erreichen:	–
– Produktkonformität z. B. in Form hoher Kundenzufriedenheit, effektiver Vermittlung festgelegter Seminarinhalte, erfolgreicher Kundenberatung oder geringer Fehlermeldungen.	
– Konformität des QM-Systems z. B. in Form erfolgreich absolvierter Auditierung oder Selbstbewertung.	
– Ständige Verbesserung der Wirksamkeit des QM-Systems, z. B. kontinuierliche Verbesserung der Zufriedenheit der Kunden oder der Qualitätsziele.	
Es sind geeignete Methoden einschließlich statistischer Verfahren und deren Anwendung festgelegt.	
Bei uns sind Methoden zur Ermittlung der Kundenzufriedenheit festgelegt und es ist definiert, welche Quellen für kundenbezogene Informationen genutzt werden (z. B. Kundenbefragungen, Kundenbeschwerden, Rückmeldungen der Auftraggeber, Medien, Marktanalysen und Branchenstudien und andere Daten der Dienstleistungserbringung).	
Bei uns werden geeignete Methoden zur Überwachung der Prozesse des QM-Systems angewendet (z. B. Festlegung der Zeiträume zur Ermittlung von Prozesskenngrößen).	
Bei Abweichungen werden Korrekturen und Korrekturmaßnahmen zur Sicherstellung der Produktkonformität ergriffen.	
Die Eignung des Produktes oder der Dienstleistung zur Erfüllung aller Anforderungen wird bei uns in geeigneten Phasen und entsprechend geplanten Tätigkeiten geprüft (z. B. regelmäßige Konzeptabsprachen mit dem Kunden bei der Entwicklung von Seminaren, Kundenbefragungen).	
Die prüfende und freigebende Stelle wird vermerkt.	
Die Dienstleistungserbringung erfolgt erst nach Umsetzung aller Aktivitäten im Vorfeld, z. B. Lehrgangsdurchführung erst nach erfolgter und kompletter Lehrgangsorganisation.	
Summe der Erfüllungsgrade:	
Geteilt durch Anzahl Feststellungen:	10
Gesamterfüllungsgrad Normkapitel 9.1	

Normkapitel: 9.2 Internes Audit

Kurzerklärung

Das vorliegende Normkapitel möchte erreichen, dass regelmäßig geprüft wird, ob das QM-System wirklich praktiziert wird und ob es wirksam ist und die Forderungen der DIN EN ISO 9001 erfüllt.

Forderungen der DIN EN ISO 9001 (zwingend)

Das Unternehmen **muss**

- interne Audits in geplanten Abständen zur Prüfung der Umsetzung und der Wirksamkeit des gesamten QM-Systems und seiner Prozesse durchführen
- eine repräsentative Auditplanung bezüglich der zu auditierenden Prozesse, Bereiche und Funktionen unter Berücksichtigung der Ergebnisse früherer Audits durchführen
- Auditkriterien, -umfang, -häufigkeit und -methoden festlegen
- die Objektivität und Unparteilichkeit des Auditprozesses durch die geeignete Auswahl der Auditoren gewährleisten, u. a. auch dadurch, dass Auditoren nicht ihre eigene Tätigkeit auditieren
- eine festgelegte Vorgehensweise einführen hinsichtlich Verantwortungen und Anforderungen für Planung und Durchführung von Audits, Berichterstattung über die Ergebnisse und zur Führung dokumentierter Informationen
- sicherstellen, dass Korrekturmaßnahmen zur Beseitigung von Abweichungen durch die Leitung des auditierten Bereiches zeitnah umgesetzt werden
- sicherstellen, dass der Nachweis der Verwirklichung von Korrekturmaßnahmen erbracht wird.

Weitergehende Hinweise der DIN EN ISO 9004 (Kap. 8.1, 8.2 und 8.3)

Die Norm DIN EN ISO 9004 macht im vorliegenden Zusammenhang wenig zusätzliche Aussagen.

Hinweise zur Umsetzung

Bei der Durchführung der internen Audits sei auf den Leitfaden zur Auditierung DIN EN ISO 19011 verwiesen. Bei kleineren Dienstleistungsorganisationen ist die Forderung nach Unabhängigkeit interner Auditoren von den auditierten Bereichen nur mit Einschränkungen umzusetzen. Spätestens bei der Geschäftsführung gibt es keine interne Person, die von dieser unabhängig ist.

Kernbereiche der Selbsteinschätzung

Feststellung	Erfüllungsgrad 0 bis 100 %
Bei uns werden interne Audits in geplanten Abständen zur Prüfung der Umsetzung und der Wirksamkeit des gesamten QM-Systems und seiner Prozesse durchgeführt.	
Es erfolgt eine repräsentative Auditplanung bezüglich der zu auditierenden Prozesse, Bereiche und Funktionen unter Berücksichtigung der Ergebnisse früherer Audits.	
Es sind Auditkriterien, -umfang, -häufigkeit und -methoden festgelegt.	
Die Objektivität und Unparteilichkeit des Auditprozesses durch die geeignete Auswahl der Auditoren ist bei uns gewährleistet, u. a. auch dadurch, dass Auditoren nicht ihre eigene Tätigkeit auditieren.	
Es gibt ein dokumentiertes Verfahren hinsichtlich der Verantwortungen und Anforderungen für Planung und Durchführung von Audits, Berichterstattung über die Ergebnisse und zur Führung dokumentierter Informationen.	
Korrekturmaßnahmen zur Beseitigung von Abweichungen durch die Leitung des auditierten Bereiches werden bei uns zeitnah umgesetzt.	
Der Nachweis der Verwirklichung von Korrekturmaßnahmen wird bei uns erbracht.	
Summe der Erfüllungsgrade:	
Geteilt durch Anzahl Feststellungen:	7
Gesamterfüllungsgrad Normkapitel 9.2	

Normkapitel: 9.3 Managementbewertung

Kurzerklärung

Es liegt in der Verantwortung der Geschäftsführung, die Wirksamkeit des QM-Systems regelmäßig zu überprüfen und ggf. Korrekturen vorzunehmen. Dies beinhaltet auch die Überprüfung der Qualitätspolitik.

Forderungen der DIN EN ISO 9001 (zwingend)

Das Unternehmen **muss**

- eine Bewertung des QM-Systems in geplanten Abständen durchführen, um dessen fortdauernde Eignung, Angemessenheit und Wirksamkeit sicherzustellen
- Verbesserungsmöglichkeiten des QM-Systems darlegen und beurteilen und sicherstellen, dass die Managementbewertung eine Ermittlung des Änderungsbedarfs hinsichtlich des QM-System, der Qualitätspolitik und der -ziele enthält
- die Ergebnisse der Managementbewertung dokumentieren (siehe 7.5)
- sicherstellen, dass die Managementbewertung Informationen enthält zu:
  - Ergebnissen von Audits
  - Rückmeldungen zur Zufriedenheit von Kunden und anderer relevanter Gruppen
  - Folgemaßnahmen vorangegangener Bewertungen, Status von Korrektur- und Vorbeugungsmaßnahmen und Empfehlungen für Verbesserungen
  - Informationen über die Wirksamkeit von Maßnahmen zum Umgang mit Chancen und Risiken
  - Prozessleistung und Produktkonformität
  - geplante Veränderungen mit Auswirkungen auf das QM-System
- sicherstellen, dass die Bewertung Aussagen, Entscheidungen und Maßnahmen enthält zu den Punkten:
  - Verbesserung des QM-Systems und Ziele zur Leistungsverbesserung des Unternehmens
  - Produkt- und Prozessverbesserung
  - Ressourcenbedarf.

Weitergehende Hinweise der DIN EN ISO 9004 (Kap. 8.5)

Die DIN EN ISO 9004 detailliert sowohl die Eingaben als auch die Ausgaben der Managementbewertung weiter und enthält wertvolle zusätzliche Hinweise auf Dinge, die bei der Managementbewertung bedacht werden sollten.

Hinweise zur Umsetzung

In der Praxis stößt die Umsetzung des vorliegenden Normkapitels immer wieder auf Schwierigkeiten, da in vielen Fällen nicht exakt verstanden wird, was die Norm hier adressiert. In den meisten Unternehmen wird der wirtschaftliche Erfolg in Form einer Jahressitzung der Unternehmensführung bewertet und es werden neue Zielausrichtungen für das neue Geschäftsjahr vorgenommen. Diese sind Basis der Zielvereinbarungen in den einzelnen Funktionsbereichen. Wenn man die betriebswirtschaftliche Erfolgsbewertung aufweitet auf die Belange des Qualitätsmanagements, so wird sehr schnell verstanden, was die Norm in diesem Zusammenhang fordert.

In jedem Fall muss vermieden werden, dass es eine Duplizierung der Managementbewertung gibt, einmal unter betriebswirtschaftlichen und das andere Mal unter qualitativen Gesichtspunkten.

Kernbereiche der Selbsteinschätzung

Feststellung	Erfüllungsgrad 0 bis 100 %
Bei uns findet eine Bewertung des QM-Systems in geplanten Abständen statt, um dessen fortdauernde Eignung, Angemessenheit und Wirksamkeit sicherzustellen.	
Bei uns werden Verbesserungsmöglichkeiten des QM-Systems dargelegt und beurteilt und die Managementbewertung beinhaltet die Beurteilung des Änderungsbedarfs hinsichtlich des QM-Systems, der Qualitätspolitik und der Qualitätsziele.	
Die Ergebnisse der Managementbewertung werden aufgezeichnet und entsprechend behandelt (siehe 7.5).	
Die Managementbewertung enthält Informationen zu:	–
– Ergebnissen von Audits.	
– Rückmeldungen zur Zufriedenheit von Kunden und anderer relevanter Gruppen.	
– Folgemaßnahmen vorangegangener Bewertungen, Status von Korrektur- und Vorbeugungsmaßnahmen und Empfehlungen für Verbesserungen.	
– Prozessleistung und Produktkonformität wie z. B. Kosten der Durchführung, Anteil guter Produkte, Anzahl Fehler, Prozessdauer, Zufriedenheit der Beteiligten bei der Umsetzung und Erreichung von Kundenanforderungen, Leistung der Lieferanten, Benchmarkingergebnisse.	
– Informationen über die Wirksamkeit von Maßnahmen zum Umgang mit Chancen und Risiken.	
Fortsetzung der Tabelle auf der nächsten Seite	

Feststellung	**Erfüllungsgrad 0 bis 100 %**
– geplanten Veränderungen mit Auswirkungen auf das QM-Systems, z. B. Einführung einer neuen Produktsparte, Erweiterung der Marktaktivitäten, Aufbau neuer Standorte, Veränderung der Organisationsstruktur.	
Die Bewertung enthält Aussagen, Entscheidungen und Maßnahmen zu den Punkten:	–
– Verbesserung des QM-Systems und Ziele zur Leistungsverbesserung des Unternehmens.	
– Produkt- und Prozessverbesserung.	
– Ressourcenbedarf.	
Summe der Erfüllungsgrade:	
Geteilt durch Anzahl Feststellungen:	12
Gesamterfüllungsgrad Normkapitel 9.3	

9.1.7 Normkapitel DIN EN ISO 9001: 10 Verbesserung

Normkapitel: 10.1 Allgemeines, 10.2 Nichtkonformität und Korrekturmaßnahmen, 10.3 Fortlaufende Verbesserung

Kurzerklärung

Das vorliegende Normkapitel hat die Durchführung von Verbesserungsmaßnahmen zum Inhalt. Darunter ist nicht nur die Korrektur bereits eingetretener Fehler zu verstehen. Vielmehr ist die Fehlerprävention ein wesentlicher Gesichtspunkt eines modernen und wirksamen QM-Systems.

Forderungen der DIN EN ISO 9001 (zwingend)

Das Unternehmen **muss**

- Chancen zur Verbesserung bestimmen, auswählen und einleiten
- Produkte und Dienstleistungen verbessern, um gegenwärtige und zukünftige Anforderungen zu erfüllen
- unerwünschte Auswirkungen korrigieren, verhindern oder verringern
- die Leistung und Wirksamkeit des QM-Systems verbessern
- für die Bearbeitung von Nichtkonformitäten (einschließlich Reklamationen) eine Vorgehensweise haben zur:
  - Reaktion darauf
  - Ursachenermittlung
  - Beurteilung des Handlungsbedarfs, um ein erneutes Auftreten zu verhindern
  - Ermittlung und Verwirklichung der erforderlichen Maßnahmen
  - Bewertung des Erfolges der Korrekturmaßnahmen
  - Aktualisierung von Chancen und Risiken, die bei der Planung bestimmt wurden (falls erforderlich)
  - Änderung des QM-Systems (falls erforderlich)
- Unterlagen zur Bearbeitung von Nichtkonformitäten erstellen und aufbewahren
- die Wirksamkeit des QM-Systems und damit die Unternehmensleistung ständig verbessern durch den Einsatz von Qualitätspolitik, Qualitätszielen, Auditergebnissen, Ergebnissen von Analysen und Managementbewertungen.

Weitergehende Hinweise der DIN EN ISO 9004 (Kap. 9.1 und 9.2)

Die Norm DIN EN ISO 9004 beleuchtet die Verbesserung der Leistung der Organisation breiter als die Nachweisstufe DIN EN ISO 9001. Dabei betreffen die Erweiterungen insbesondere auch andere Interessengruppen als die Kunden der Organisation und es wird großer Wert auf die umfassende Einbeziehung insbesondere der Interessengruppe Mitarbeiter gelegt.

Hinweise zur Umsetzung

Bei der Umsetzung des vorliegenden Normkapitels sollte der Thematik der Vorbeugung noch nicht eingetretener Fehler möglichst breiter Raum eingeräumt werden. Immer wieder tun sich Dienstleistungsorganisationen schwer bei der Umsetzung der Vorbeugungsmaßnahmen. Ursache ist vielfach ein Unterbleiben von Festlegungen hinsichtlich der Verantwortlichkeiten und Vorgehensweisen zur Identifikation möglicher Fehler. Dann wird Korrektur fälschlich als Vorbeugung des Wiederauftretens von Fehlern interpretiert. Weiter wird in vielen Fällen vergessen, dass ein Großteil der internen Kommunikation dem Erkennen drohender Probleme dient.

Aus der Erfahrung des Verfassers gehört das Thema Vorbeugungsmaßnahmen immer auch zur Entwicklung neuer Produkte. Die Unternehmen haben das „Tagesgeschäft" in der Regel im Griff. Probleme gibt es in vielen Fällen dann, wenn wirklich neue Dienstleistungen entwickelt, angeboten und erbracht werden. Es kommt nicht von ungefähr, dass Methoden wie die Fehlermöglichkeiten- und -einflussanalyse (FMEA), die ja dem Erkennen potenzieller Fehler dient, im Rahmen der Produktentwicklung eingesetzt werden.

Selbstverständlich gehört das Thema „Betriebliches Vorschlagswesen" zum vorliegenden Normkapitel, jedoch sei vor einem formalisierten Vorschlagswesen bei kleinen Unternehmen gewarnt.

Kernbereiche der Selbsteinschätzung

Feststellung	**Erfüllungsgrad 0 bis 100 %**
Die Wirksamkeit des QM-Systems und damit die Unternehmensleistung wird fortlaufend verbessert.	
Die Ergebnisse von Analysen und Bewertungen, die Ergebnisse der Managementbewertung werden zur Verbesserung genutzt.	
Bei uns werden angemessene Korrekturmaßnahmen zur Beseitigung von Ursachen von Nichtkonformitäten ergriffen.	
Es existiert eine Vorgehensweise zur:	–
– Bewertung von Nichtkonformitäten (einschließlich Kundenbeschwerden).	
– Ursachenermittlung.	
– Beurteilung des Handlungsbedarfs, um ein erneutes Auftreten zu verhindern.	
– Ermittlung und Verwirklichung der erforderlichen Maßnahmen.	
– Bewertung des Erfolges der Korrekturmaßnahmen.	
Das Chancen- und Risikomanagement trägt zur Verbesserung unseres Unternehmens bei.	
Summe der Erfüllungsgrade:	
Geteilt durch Anzahl Feststellungen:	9
Gesamterfüllungsgrad Normkapitel 10.1–10.3	

Zusammenfassung der Selbsteinschätzung 9.2

Bei der Beschreibung der einzelnen Normkapitel wurden zur Selbsteinschätzung jeweils Erfüllungsgrade ermittelt. Diese können nun in der folgenden Tabelle übersichtlich zusammengefasst werden. Dazu sind die Erfüllungsgrade der Normkapitel in diese Tabelle zu übertragen, indem an der entsprechenden Stelle der Skala 0 bis 100 % ein Kreuz gemacht wird. So ergibt sich eine grafische Darstellung der Erfüllungsprofile.

Normkapitel		**Erfüllungsgrad %**				
		0	**25**	**50**	**75**	**100**
4.1	Kontext der Organisation					
4.2	Verstehen der Organisation und ihres Kontextes					
4.3	Anwendungsbereich des QM-Systems					
4.4	QM-System und seine Prozesse					
5.1–5.2	Führung und Verpflichtung, Politik					
5.3	Rollen, Verantwortlichkeiten und Befugnisse					
6.1	Maßnahmen zum Umgang mit Chancen und Risiken					
6.2	Qualitätsziele und Planung zu deren Erreichung					
6.3	Planung von Änderungen					
7.1.1–7.1.4	Allgemeines, Personen, Infrastruktur, Prozessumgebung					
7.1.5	Ressourcen zur Überwachung und Messung					
7.1.6	Wissen der Organisation					
7.2–7.3	Kompetenz, Bewusstsein					
7.4	Kommunikation					
7.5	Dokumentierte Information					
8.1	Betriebliche Planung und Steuerung					
8.2	Anforderungen an Produkte und Dienstleistungen					
8.3	Entwicklung von Produkten und Dienstleistungen					

Fortsetzung der Tabelle auf der nächsten Seite

Normkapitel		Erfüllungsgrad %				
		0	25	50	75	100
8.4	Extern bereitgestellte Prozesse, Produkte und Dienstleistungen					
8.5.1	Steuerung Produktion und Dienstleistungs-erbringung					
8.5.2	Kennzeichnung und Rückverfolgbarkeit					
8.5.3	Eigentum Kunde oder externer Anbieter					
8.5.4	Erhaltung					
8.5.5	Tätigkeiten nach der Lieferung					
8.5.6	Überwachung von Änderungen					
8.6	Freigabe von Produkten und Dienstleistungen					
8.7	Steuerung nichtkonformer Ergebnisse					
9.1	Überwachung, Messung, Analyse und Bewertung					
9.2	Internes Audit					
9.3	Managementbewertung					
10.1–10.3	Verbesserung: Allgemeines, Nichtkonformität und Korrekturmaßnahmen, fortlaufende Verbesserung					

DIN EN ISO 9004 – die sonstigen Anregungen 10

Es wurde schon weiter vorne angemerkt, dass die DIN EN ISO 9004 „Leiten und Lenken für den nachhaltigen Erfolg einer Organisation" viele wichtige Anregungen enthält, die ein Unternehmen bei der Zukunftssicherung unterstützen können und die über die Normforderungen der Nachweisstufe DIN EN ISO 9001 teilweise weit hinausgehen.

Auch die DIN EN ISO 9004 erhebt den Anspruch, für Unternehmen aller Branchen und Größen Gültigkeit zu haben. Beim Lesen wird jedoch deutlich, dass diese Norm für Dienstleistungsorganisationen in vielen Fällen besser verständlich ist als die Nachweisstufe DIN EN ISO 9001. Die DIN EN ISO 9004 beinhaltet wichtige Anregungen, die einem Unternehmen, unabhängig von der Frage der Zertifizierung, auf dem Weg hin zu Total Quality Management (TQM) Hilfestellung geben. Einige generelle zusätzliche Inhalte sollen nun im Folgenden zumindest stichwortartig erörtert werden.

Zunächst fällt beim Lesen der DIN EN ISO 9004 auf, dass hier an vielen Stellen sehr deutlich gemacht wird (noch deutlicher als in der DIN EN ISO 9001), dass die oberste Leitung des Unternehmens für das gesamte Thema Qualitätsmanagement Verantwortung trägt, die sich nicht delegieren lässt. Dies geschieht nicht zu Unrecht, denn es dürfte heute unumstritten sein, dass ein QM-System nur dann leben kann, wenn es vom Management vorgelebt wird. Auch wird es auf dem Weg hin zu TQM unumgänglich sein, dass Führungsstile geändert und die Mitarbeiter mehr einbezogen werden. Auch dies ist nur dann möglich, wenn die oberste Führung hinter diesem ganzen Prozess steht.

Darüber hinaus sind es im Wesentlichen diese Aspekte, die Schwerpunkte der DIN EN ISO 9004 sind:

- Berücksichtigung wirtschaftlicher Aspekte
- Verstärkung der Mitarbeiterorientierung
- Selbstbewertung des QM-Systems.

Aufmerksame Leser werden feststellen, dass dies alles wesentliche Prinzipien des Total Quality Management sind. Damit wird deutlich, dass der Leitfaden zur Leistungsverbesserung DIN EN ISO 9004 eine Anleitung zur Annäherung an Total Quality Management darstellt. Nicht umsonst wurde als Titel für die Norm eben „Leiten und Lenken für den nachhaltigen Erfolg einer Organisation" gewählt. Der Anspruch der DIN EN ISO 9004 geht über die reinen Qualitätsaspekte hinaus und zielt auf den langfristigen Erfolg des Unternehmens.

Zu den oben genannten Aspekten im Folgenden noch einige Worte der Erklärung:

Berücksichtigung wirtschaftlicher Aspekte

Die oft diskutierte Frage nach der Effizienz von QM-Systemen wird an vielen Stellen des Leitfadens DIN EN ISO 9004 angesprochen. Anzustreben ist eine Transparenz darüber, wohin die Mittel fließen und was damit erreicht wird. Es wird empfohlen, eine entsprechende Berichterstattung aufzubauen, wobei insbesondere diese Kostengruppen genannt werden (Kapitel 6.2):

- Ermittlung und Bereitstellung notwendiger Finanzmittel
- Überwachung der Effizienz des Einsatzes finanzieller Ressourcen
- Finanzberichterstattung
- Beseitigung von Materialverschwendung
- Erfassung und Bericht der internen Qualitätskosten.

Sehr schwierig ist bei allen Ansätzen zur Ermittlung von Qualitätskosten, auch und gerade in Dienstleistungsunternehmen, die Ermittlung der jeweiligen Kosten und die Abgrenzung von anderen Kosten. Die momentan in den Unternehmen eingesetzten betriebswirtschaftlichen DV-Systeme sehen solche Ansätze bislang nicht oder nur unvollständig vor. Trotzdem gibt es bereits Unternehmen, die auf diesem Gebiet sehr weit vorgedrungen sind.

Verstärkung der Mitarbeiterorientierung

Die Ausführungen zur Einbeziehung des Personals gehen weit über die Forderungen der Nachweisstufe DIN EN ISO 9001 hinaus und wollen dafür sorgen, dass Qualifikation, Qualitätsbewusstsein und Motivation des Personals verbessert werden. Da dies für Dienstleistungsunternehmen einer der kritischen Erfolgsfaktoren ist, sind die Hinweise der DIN EN ISO 9004 gerade für diese Branche von eminenter Bedeutung und sollten auf jeden Fall umgesetzt werden.

Die Anregungen der DIN EN ISO 9004 decken dabei alle wesentlichen Inhalte der TQM-Philosophie ab:

- Führen mit Zielen
- Leistungsbewertung
- Einbindung und Motivation
- Leistungsanerkennung
- Ermittlung der Mitarbeiterzufriedenheit
- Information und Kommunikation

- Schulung und Karriereplanung
- Kreativität und Innovation
- Kompetenzausstattung.

Selbstbewertung des QM-Systems

Die DIN EN ISO 9004 kann mit Fug und Recht als „TQM-Norm" bezeichnet werden. Eindeutiges Indiz für diese Aussage ist die Tatsache, dass Bestandteil der Norm eine umfängliche Vorgehensweise zur Durchführung einer Selbstbewertung des QM-Systems ist (Anhang A). Die Selbstbewertung ist der Versuch, die Qualitätslage einer Organisation quantitativ zu ermitteln, und Bestandteil sowohl des europäischen (und deutschen) TQM-Regelwerkes nach dem Modell der European Foundation for Quality Management (EFQM) als auch des amerikanischen nach Malcolm Baldrige.

Die in der Norm angegebene Vorgehensweise zur Selbstbewertung gibt dabei sehr detailliert die Bewertungsaspekte vor. Auch eine Mimik zur Bewertung wird angegeben, so dass es sich um eine einfach anzuwendende Selbstbewertungsmethode handelt. Die DIN EN ISO 9004 sieht entweder die Selbstbewertung von sogenannten Schlüsselelementen und/oder eine detaillierte Selbstbewertung vor. Dabei sollte die Bewertung der Schlüsselelemente von der obersten Leitung, die detaillierte Selbstbewertung durch die operative Ebene durchgeführt werden.

Den Benutzern der Normengruppe ist zu empfehlen, sich zunächst mit den Forderungen der Nachweisstufe DIN EN ISO 9001 auseinanderzusetzen. Ist sichergestellt, dass diese Forderungen alle umgesetzt sind, dann könnte sich eine Organisation im Zuge der Weiterentwicklung hin zu TQM

1. an den Inhalten der DIN EN ISO 9004 orientieren und
2. in einen Jahresrhythmus der Selbstbewertung nach DIN EN ISO 9004 eintreten.

Selbstverständlich kann sich eine Organisation nach der Umsetzung der DIN EN ISO 9001 alternativ mit den Inhalten des TQM-Modells nach EFQM auseinandersetzen und die dort vorgesehene Methodik der Selbstbewertung einsetzen.

Dokumentation des QM-Systems 11

Die Dokumentation eines QM-Systems (siehe auch Normkapitel 7.5 „Dokumentierte Informationen") hängt von 3 Parametern ab, die die Norm DIN EN ISO 9001 seit der Version des Jahres 2000 nennt, die aber offensichtlich viel zu selten wahrgenommen werden:

- Größe des Unternehmens
- Komplexität und Arbeitsteiligkeit der Prozesse
- Qualifikation des Personals.

Unternehmen des Dienstleistungssektors sind in vielen Fällen eher kleine und mittlere Organisationen und ihre Prozesse sind oftmals weniger komplex und, Folge der Unternehmensgröße, auch weniger arbeitsteilig. Weiter gibt es Branchen innerhalb des Dienstleistungssektors, die über vergleichsweise hochqualifiziertes Personal verfügen. Beispiele hierfür sind die Bildungsbranche, aber auch Beratungsunternehmen. Damit deuten bei solchen Unternehmen alle 3 Parameter darauf hin, dass die QM-Dokumentation eher schlank ausfallen darf.

Eine weitere generelle Aussage zur Struktur der QM-Dokumentation ist die, dass es keinerlei Gestaltungsrichtlinien gibt. Jede Organisation ist aufgefordert, die eigene Dokumentation so zu gestalten, wie sie benötigt wird. Dazu gehört selbstverständlich auch die Freiheit zur elektronischen Gestaltung.

Es kann als Fazit nur dazu ermuntert werden, so schlank wie möglich zu dokumentieren; eine Organisation von 20 Mitarbeiterinnen und Mitarbeitern sollte mit einer Gesamtdokumentation auskommen, die max. 40 –50 Seiten umfasst.

Weiter kann nur dazu motiviert werden, die QM-Dokumentation den Mitarbeiterinnen und Mitarbeitern, wenn immer möglich, per EDV zur Verfügung zu stellen. Dabei ist es zu empfehlen, die Möglichkeiten der Hyperlink-Technik zu nutzen und nicht bloße „Lesemaschinen" zu schaffen. Weiter besteht dann die Möglichkeit, sich schrittweise hin zur EDV-gestützten Vorgangssachbearbeitung zu entwickeln, die unter dem Gesichtspunkt der Akzeptanz und Anwendung eines QM-Systems als Idealfall zu bewerten ist.

Früher orientierten sich viele Unternehmen hier an der Gliederung der Norm, d. h., die Kapiteleinteilung entsprach der der Norm. Da eine solche Gliederung für die Mitarbeiterinnen und Mitarbeiter nicht unbedingt schlüssig ist, wird hier eine Gliederung empfohlen, die sich an den drei Arten von Prozessen orientiert, die jedes Unternehmen hat:

1. Wie unser Haus geführt wird (Führungsprozesse)
2. Wertschöpfungsprozesse
3. Stützprozesse.

Wenn man seine QM-Dokumentation an den Prozessen des Unternehmens ausrichtet, dann wird zunächst eine Prozesslandkarte zu erarbeiten sein, die die Struktur der QM-Dokumentation vorgibt.

Ist die Prozesslandkarte vorhanden, so kann anhand der Wichtigkeit der einzelnen Prozesse oder Teil-Prozesse und anhand der bereits im Unternehmen vorhandenen Richtlinien (Geschäftsanweisungen etc.) über die Struktur der QM-Dokumentation entschieden werden. Diese Prozesslandkarte ist – wie bereits erwähnt – **das** Ordnungskriterium für die zu erstellende QM-Dokumentation.

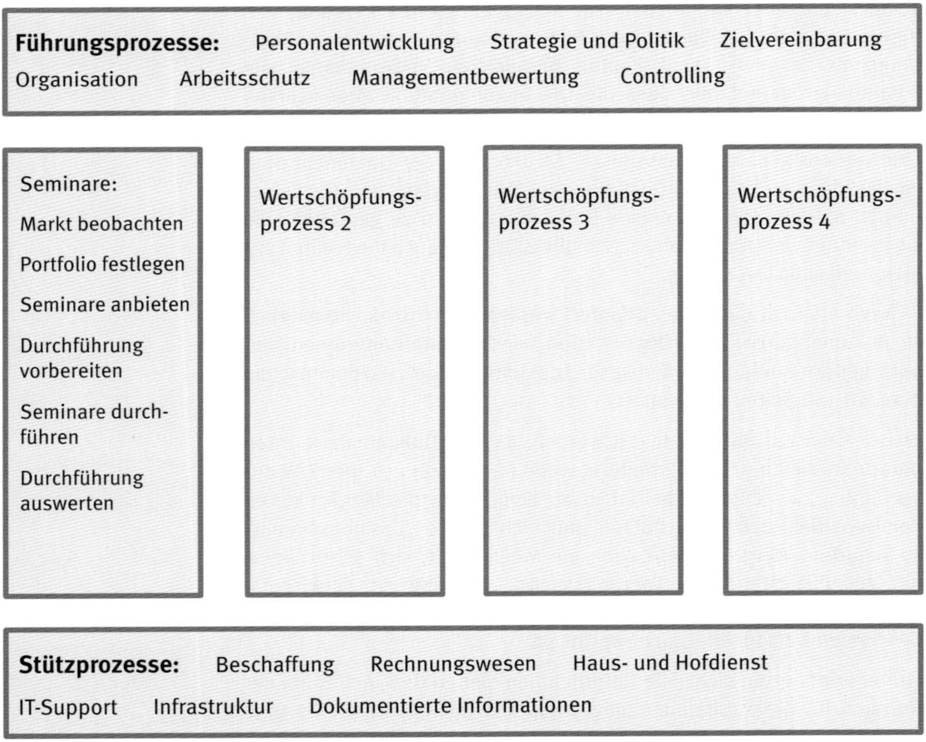

Führungsprozesse: Personalentwicklung Strategie und Politik Zielvereinbarung Organisation Arbeitsschutz Managementbewertung Controlling

Seminare: Markt beobachten Portfolio festlegen Seminare anbieten Durchführung vorbereiten Seminare durchführen Durchführung auswerten	Wertschöpfungsprozess 2	Wertschöpfungsprozess 3	Wertschöpfungsprozess 4

Stützprozesse: Beschaffung Rechnungswesen Haus- und Hofdienst IT-Support Infrastruktur Dokumentierte Informationen

Abb. 6: Struktur der QM-Dokumentation eines zertifizierten QM-Systems

Abbildung 6 zeigt die Prozesslandkarte eines Unternehmens im Bildungssektor, das unter anderem Seminare anbietet. Die Prozesslandkarte sollte die oberste Darstellungsebene der QM-Dokumentation sein. Wenn also ein Mitarbeiter im Intranet die QM-Dokumentation des Unternehmens aufruft, sollte die Prozesslandkarte den Einstiegsbildschirm darstellen. Von diesem kann dann per Hyperlink in die detaillierten Prozessbeschreibungen eingestiegen werden.

Dabei ist es wichtig zu bemerken, dass der Umfang einer QM-Dokumentation und damit auch die Anzahl von Dokumenten sehr stark von der Größe eines Unternehmens und der Komplexität der ablaufenden Prozesse abhängt. Die Verzweigung per Hyperlink muss bis auf die Ebene der Formulare vorgesehen werden, die bei der Abwicklung der Verfahren zu verwenden sind.

Aufbau eines QM-Systems nach DIN EN ISO 9000 ff. 12

Da QM-Systeme nach DIN EN ISO 9000 ff. fast immer von externen Zertifizierungsgesellschaften überprüft und mit dem Gütesiegel Zertifikat versehen werden, sind zwei Aspekte des Systemaufbaus zu betrachten: Zunächst die Aktivitäten, die im Unternehmen selbst beim Aufbau des QM-Systems durchgeführt werden müssen, sodann die Schritte, die in der Zusammenarbeit mit der Zertifizierungsgesellschaft vorliegen.

Internes Vorgehen beim Aufbau eines QM-Systems 12.1

Generell sind folgende Phasen durchzuführen:

- Information
- Analyse des Ist-Zustandes
- Aufbau des QM-Systems, bestehend aus
  - Einrichten der QM-Organisation
  - Beschreibung der Abläufe
  - Verfassen der QM-Dokumentation
- Verbesserung und Schulung des QM-Systems
- Überprüfung des QM-Systems.

Jede dieser Phasen besteht aus einer Vielzahl von Einzelschritten, deren Beschreibung hier jedoch zu weit führen würde.

Information 12.1.1

Um dem „Projekt ISO 9000“ einen erfolgreichen Start zu ermöglichen, ist es sehr wichtig, dass die Unternehmensführung möglichst viel an Informationen über das erhält, was auf das Unternehmen zukommt. Soll DIN EN ISO 9000 ff. als Startpunkt auf dem Weg hin zu TQM dienen, so ist gerade das Management gefordert, dafür die entsprechenden Rahmenbedingungen zu schaffen. Zu entscheiden, dass ein QM-System nach DIN EN ISO 9000 aufgebaut werden soll, sich dann aber aus dem ganzen Prozess auszublenden und die Verantwortung zu delegieren, ist nicht ausreichend. Der Systemaufbau kann nur dann erfolgreich vonstattengehen, wenn sich die Geschäftsführung aktiv beteiligt und eine Vorbildfunktion ausübt.

Auch bindet der Aufbau des QM-Systems Personal und Mittel. Dessen muss sich das Management des Unternehmens bewusst sein.

Eine sehr wichtige Aktivität in dieser Phase besteht in der Formulierung einer Qualitätspolitik für das Unternehmen.

Dies kann nur von der Geschäftsführung durchgeführt werden. Die Qualitätspolitik muss von einem Zielsystem begleitet sein, das den Erreichungsgrad misst. Sowohl Qualitätspolitik als auch zugehöriges Zielsystem müssen im Unternehmen bekannt gemacht bzw. eingeführt werden.

12.1.2 Analyse des Ist-Zustandes

Um den Ausgangspunkt des eigenen Unternehmens zu kennen, ist es notwendig, den Ist-Zustand zu analysieren. Dabei werden:

- die Abläufe der Organisation zugrunde gelegt
- die vorhandene Umsetzung der Forderungen der Norm untersucht
- spezielle Problemlagen ermittelt, die ein QM-System auffangen soll.

Die Durchführung einer Ist-Analyse ist je nach Unternehmensstruktur und -größe ein umfangreiches Unterfangen, jedoch für das weitere Projektvorgehen von entscheidender Bedeutung. In diesem Schritt wird die Ablaufstruktur des Unternehmens untersucht, es wird ermittelt, welche der Abläufe bereits festgelegt und beschrieben sind. Auch werden Schnittstellen ermittelt, an denen verschiedene Unternehmensbereiche zusammenarbeiten müssen. Weiter wird festgestellt, wie die Verantwortlichkeiten im Unternehmen festgelegt sind. Als „Abfallprodukt" wird das Formularwesen des Unternehmens betrachtet, sodass später entschieden werden kann, welche Formulare weiter verwendet werden sollen, welche aber abgeschafft werden können.

Die Ergebnisse der Ist-Analyse werden nun mit den Forderungen der Norm verglichen und daraus ein Aktionsplan/Projektplan abgeleitet.

12.1.3 Aufbau des QM-Systems

Einrichten der QM-Organisation

Zwar fordert die neue DIN EN ISO 9001 aus dem Jahr 2015 nicht mehr die Existenz eines „Beauftragten der obersten Leitung", doch wird es in der Praxis ab einer gewissen Unternehmensgröße unabdingbar sein, jemandem die Verantwortung für die Belange des QM-Systems zuzuweisen. Dies wird im Prinzip in Normkapitel 5.3 „Rollen, Verantwortlichkeiten und Befugnisse in der Organisation" gefordert.

Ab einer bestimmten Unternehmensgröße wird ein Einzelner das Thema QM nicht mehr alleine betreiben können, sondern Unterstützung in den einzelnen Abteilungen oder Standorten benötigen. Die Struktur der QM-Organisation hängt selbstverständlich von der Größe und der funktionalen, ablauforganisatorischen und geografischen Gestalt des Unternehmens ab. Bei einem Kleinstunternehmen wird der Geschäftsführer die Belange des QM-Systems selbst wahrnehmen. Ein kleines Unternehmen wird mit einem QM-Verantwortlichen zurechtkommen, der dieses Thema neben seinen sonstigen Verantwortlichkeiten wahrnimmt. Ein großes Unternehmen, das mehrere Wertschöpfungsprozesse hat und arbeitsteilig organisiert ist, wird u. U. eine QM-Organisation haben (s. Abb. 7).

Wie immer die QM-Organisation auch gegliedert sein mag, bei der Benennung der Mitarbeiter sind einige Gesichtspunkte sehr wichtig: Ein großer Teil der Aufgaben des QM-Personals besteht in der Zusammenarbeit mit Fachfunktionen. Sie sind die Menschen im Unternehmen, die als Ansprechpartner im jeweiligen Themenbereich dienen. Sie haben für das Thema Qualitätsmanagement eine Multiplikatorfunktion, die für den Erfolg von ausschlaggebender Bedeutung ist. Man sollte sich also überlegen, wen man mit dieser Aufgabe betraut. Es sollten Mitarbeiter sein, die im Unternehmen anerkannt, im besten Sinne kommunikationsfreudig und argumentationsstark sind. Weiter sollten sie sich mit dem Gedankengut des Qualitätsmanagements identifizieren. Man sollte nicht Mitarbeiter benennen, die kurz vor der Pensionierung stehen, oder solche, die aufgrund mangelnden Fachwissens anderweitig nur schwer eingesetzt werden können. Selbstverständlich muss das QM-Personal nach der Benennung möglichst umgehend für die neue Aufgabe qualifiziert werden. Dabei ist zu entscheiden, welche Art der Ausbildung notwendig ist. In der Praxis hat es sich bewährt, zumindest nicht alle diese Mitarbeiter auf Standardschulungen zu schicken, die mannigfaltig angeboten werden. Selbstverständlich benötigt der QM-Beauftragte eine tiefgehendere theoretische Ausbildung, als das bei den anderen Projektmitarbeitern der Fall ist. Ein recht erfolgversprechender Weg ist es, die QM-Mitarbeiter anhand des eigenen Projektes und anhand des eigenen Unternehmens in Workshops auszubilden. Hier wird ein Minimum an Theorie vermittelt und die Teilnehmer beginnen sofort anhand der eigenen Abläufe und des eigenen Unternehmens mit der Umsetzung. Dies setzt jedoch voraus, dass jemand verfügbar ist, der diese Workshops entwickeln und durchführen kann. Dies ist eine klassische Aufgabe für einen externen Berater.

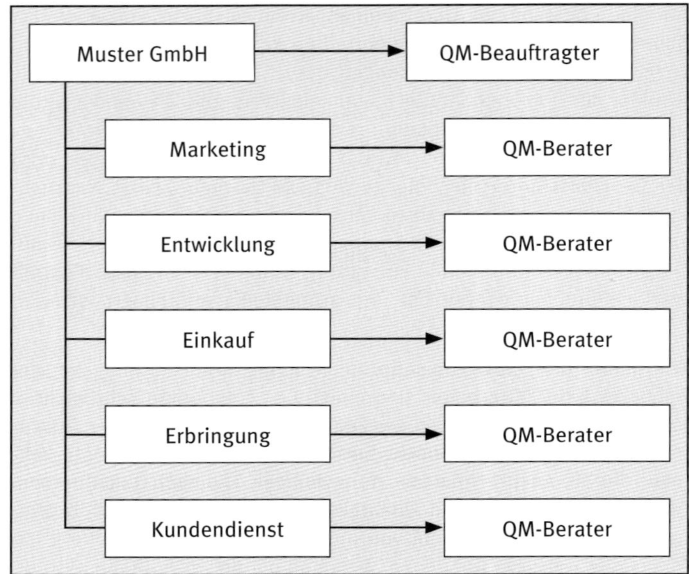

Abb. 7: Struktur einer QM-Organisation

Beschreibung der Abläufe

Das wichtigste Ergebnis der Ist-Analyse ist die Information darüber, welche betrieblichen Abläufe festgelegt und beschrieben werden müssen. Dies ist eine der ersten Aufgaben des QM-Personals. Zunächst müssen uneinheitlich durchgeführte Abläufe abgestimmt werden. Sodann müssen sie im Detail festgelegt und beschrieben werden. Dabei kann die echte Ablaufbeschreibung nicht vom QM-Personal geleistet werden. Die Beschreibung von Abläufen ist Linienverantwortung. Das QM-Personal hat dabei koordinierende und steuernde Aufgaben. Bei der Abstimmung und Beschreibung von Abläufen werden auch die Verantwortlichkeiten überprüft und u. U. neu geregelt. Jeder betriebliche Ablauf muss einen Eigner haben, der auch für die Beschreibung verantwortlich ist.

Die Beschreibung der betrieblichen Abläufe ist ein weiterer kritischer Punkt beim Aufbau eines QM-Systems. Wie bereits erwähnt, ist dies eine Linienaufgabe, jedoch sträuben sich in der Praxis die Linienfunktionen sehr häufig dagegen mit Argumenten wie „nutzloser Zusatzaufwand", „Bürokratie", „keine Zeit" etc. Hier ist sehr viel Fingerspitzengefühl des QM-Personals notwendig, um die Linienfunktionen einerseits einzubeziehen, andererseits keine Widerstände gegen das QM-System entstehen zu lassen.

Bei der Beschreibung von betrieblichen Abläufen ist es sinnvoll, ergebnisorientiert vorzugehen. Das heißt, man sollte sich immer fragen, was eigentlich das Ergebnis des Ablaufes sein muss (Ausgabe). Von diesem Ergebnis aus sollte man anschließend die Frage behandeln, was getan werden muss, um dieses Ergebnis mit möglichst wenig Aufwand zu erreichen (Verarbeitung). Ganz automatisch wird damit auch festgelegt, wer diese Aktivitäten durchführen muss. Zuletzt muss definiert werden, was benötigt wird, um die festgestellten Aktivitäten möglichst optimal durchführen zu können (Eingabe). Auch hierbei wird gleichzeitig ermittelt, wer diese Eingaben zu liefern hat. Die Vorgehensweise ist also folgendermaßen:

Ausgabe → Verarbeitung → Eingabe

In der Praxis wird sehr häufig der Fehler gemacht, dass bei der Beschreibung der betrieblichen Abläufe die Chance der gleichzeitigen Optimierung nicht genutzt wird. Dies geschieht meist, wenn man die bestehende Unternehmensorganisation gedanklich festschreibt, die Frage nach dem optimalen Ablauf gar nicht stellt oder aber gleich beantwortet, indem man feststellt, dass dieser bessere Ablauf mit der bestehenden Unternehmensstruktur nicht durchführbar ist. Das bedeutet nichts anderes, als dass die Ergebnisorientierung bei der Beschreibung der Abläufe durch eine Funktionsorientierung ersetzt wird. Dieses ergebnisorientierte Vorgehen ist aufgrund jahrelanger Erfahrung in funktionsorientiertem Denken für viele Menschen sehr schwierig.

Verfassen der QM-Dokumentation

Die Dokumentation des QM-Systems und seiner Prozesse, von der Norm explizit gefordert, muss die Umsetzung der Normforderungen im Unternehmen beschreiben. Die QM-Dokumentation sollte idealerweise von Linienfunktionen verfasst werden. Diese Feststellung gilt vor allem für die produktspezifischen Abläufe, aber auch für einige Führungs- und Stützaktivitäten (siehe Kapitel 9). Selbstverständlich muss die Umsetzung einiger der Normkapitel zentral festgelegt werden, hier ist beispielhaft das Normkapitel 9.2 „Internes Audit“ zu nennen. Auch gibt es Normkapitel, die überwiegend von der Unternehmensleitung zu verfassen sind. Dies gilt pauschal für die Normkapitel 4–7. Wer anders als die Unternehmensleitung sollte beispielsweise die Qualitätspolitik oder die Befugnisse und Verantwortlichkeiten des Personals festlegen.

In der Praxis ist es sehr schwierig, Linienfunktionen dazu zu bewegen, Teile der QM-Dokumentation zu verfassen.

12.1.4 Verbesserung und Schulung des QM-Systems

Nachdem das QM-System in den vorhergehenden Phasen konzipiert wurde, muss es nun im Unternehmen als Ganzes bekannt gemacht und geschult werden. Zwar werden (möglichst) viele Mitarbeiter Teilbereiche schon kennen, da sie bei der Konzipierung einbezogen waren. Dennoch gibt es sicher Mitarbeiter, die bisher wenig vom Systemaufbau betroffen waren, und es wird wenige geben, die das gesamte System kennen.

Die Schulung des Systems geht in zwei Schritten vor sich und hat neben dem Schaffen von Wissen zwei weitere Hauptziele:

- kritische Auseinandersetzung der Mitarbeiter und Führungskräfte mit dem System
- Verstärkung der Identifikation mit dem QM-System und seinen Zielen.

Im ersten Schritt werden die Führungskräfte aller Hierarchieebenen ausgebildet. Es hat sich in der Praxis bewährt, diese Ausbildung nicht im Stile von Vorlesungen zu gestalten. Vielmehr sollen die Führungskräfte in Workshops mit dem System arbeiten. Selbstverständlich muss zunächst ein gewisses Minimum an Theorie vermittelt werden, bevor die Workshops beginnen können. Inhaltlich sind folgende Aspekte des QM-Systems abzudecken:

- die betrieblichen Abläufe und ihre Beschreibungen (Prozessbeschreibungen, Verfahrensanweisungen)
- die nachfolgende Überprüfung (Auditierung) des Systems.

Im ersten Block sollen die Führungskräfte die bisher erstellten Dokumente bearbeiten und kritisch überprüfen. Sie sollen Kritik und Verbesserungswünsche erarbeiten und besprechen. Dieses Feedback soll zur Verbesserung der Dokumentation und damit des Systems eingesetzt werden. Bei einem solchen Vorgehen werden die Führungskräfte am Systemaufbau beteiligt und eventuell vorhandene Widerstände abgebaut. Die Identifikation der Führungskräfte mit dem QM-System wächst.

Der zweite Ausbildungsblock (Auditierung) dient dazu, Ängste abzubauen. Hier kann in spielerischer Weise (Rollenspiele) die Situation der Auditinterviews bearbeitet werden. Wichtig ist es, den Führungskräften Sicherheit über ihre künftige Rolle im System zu geben.

Die Ausbildung der Führungskräfte dauert normalerweise maximal 2 Tage, in vielen Unternehmen reichte eine Dauer von 1 Tag aus. Die Workshops werden meist von der QM-Organisation moderiert, in vielen Fällen tritt hier ein externer Berater in Erscheinung.

Selbstverständlich müssen die von den Führungskräften erarbeiteten Verbesserungsvorschläge und Kritikpunkte untersucht und ins System eingearbeitet werden. Fällt die Entscheidung, einem Verbesserungsvorschlag nicht nachzukommen, so muss diese Entscheidung dem Vorschlagenden mitgeteilt und begründet werden, um nicht das Gefühl aufkommen zu lassen, für den Papierkorb gearbeitet zu haben.

Ein weiteres wichtiges Ziel der Führungskräfteausbildung, das bisher nicht genannt wurde, ist es, sie in die Lage zu versetzen, die nun nachfolgende Mitarbeiterschulung in ihrem Bereich durchzuführen. Es hat sich in der Praxis als sehr positiv erwiesen, so vorzugehen. Moderieren die Führungskräfte die Workshops ihrer Mitarbeiter, so verdeutlichen sie die Wichtigkeit des QM-Systems, sie werden ihrer Vorbildfunktion gerecht. Die Norm geht davon aus, dass ein QM-System nur dann dauerhaft wirksam sein kann, wenn es von den Führungskräften vorgelebt wird, und genau dies geschieht bei der Ausbildung der Mitarbeiter.

Selbstverständlich benötigen die Führungskräfte dazu ein Konzept. Dieses wird ihnen entweder von der QM-Organisation oder aber vom externen Berater zur Verfügung gestellt.

Auch die Mitarbeiterausbildung geschieht nicht in Form von „Folienschlachten“, sondern es werden Workshops durchgeführt. Inhaltlich entsprechen die Themen denen der Führungskräfteschulungen mit der Einschränkung, dass die Mitarbeiter nur mit dem Teilbereich der betrieblichen Ablaufbeschreibungen arbeiten, der die eigene Arbeit betrifft. Auch bei den Mitarbeiterworkshops werden Kritik und Verbesserungsvorschläge gefordert und bei der weiteren Systemverbesserung eingearbeitet.

Bei der Durchführung der Mitarbeiterschulungen muss auf die jeweiligen betrieblichen Notwendigkeiten Rücksicht genommen werden. Es ist oft sehr schwierig, die Mitarbeiter für einen halben oder ganzen Tag verfügbar zu haben. Dann muss die gesamte Ausbildung in logische Teile aufgeteilt werden. Im Ganzen dauert die Ausbildung der Mitarbeiter normalerweise maximal 1 Tag.

Nach der Einarbeitung der Verbesserungswünsche ist die Konzipierung des QM-Systems abgeschlossen.

12.1.5 Überprüfung des QM-Systems

Die nun folgende Überprüfung des Systems erfolgt in zwei Stufen. Zunächst werden erste interne Audits durchgeführt. Dies bieten auch die Zertifizierungsgesellschaften an. Man kann die ersten internen Audits auch selbst durchführen. Sinn der ersten internen Auditierung ist es zu überprüfen, inwieweit das System in der Mannschaft bereits bekannt ist, ob es eingehalten wird und um Schwachstellen und damit Verbesserungspotenzial zu ermitteln.

Generell sollen Audits in partnerschaftlicher Manier durchgeführt werden und keinesfalls im Stile einer Revision. Die gemeinsame Ermittlung von Schwachstellen soll der Verbesserung des QM-Systems und damit dem gesamten Unternehmen dienen. Die Basis für die Auditierung ist die Norm DIN EN ISO 19011.

Meist werden die ersten internen Audits von der QM-Organisation durchgeführt. Es werden möglichst repräsentativ über das Gesamtunternehmen Gespräche geführt und eventuell gefundene Abweichungen dokumentiert. Die Ergebnisse werden in einem Auditbericht festgehalten und mit einem Aktionsplan versehen. Sind diese Aktionen durchgeführt, so ist das QM-System fertig zur weiteren Überprüfung. Das beschriebene erste interne Audit ist auch die Generalprobe für das spätere Zertifizierungsaudit. Am Ende steht eine Einschätzung darüber, ob das Zertifizierungsaudit stattfinden kann oder nicht, bzw. was bis dahin noch zu erledigen ist.

Das interne Audit ist Bestandteil der Normforderungen (Normkapitel 9.2). Es muss, genau wie alle Audits, von unabhängigen Auditoren durchgeführt werden. Da es in kleinen Unternehmen oftmals schwierig ist, solche Personen zu finden, wird es oft von externen Beratern zusammen mit dem QM-Beauftragten durchgeführt.

Nach Bereinigung der Schwachstellen des internen Audits kann das Zertifizierungsaudit stattfinden. Dauer und Organisation werden von der Zertifizierungsgesellschaft in Zusammenarbeit mit dem auditierten Unternehmen festgelegt. Dabei gibt es Vorgaben vonseiten der Überwachungsorganisation der Zertifizierungsgesellschaften, der Deutschen Akkreditierungsstelle (DAkkS). Zu Beginn des Zertifizierungsaudits wünschen manche Zertifizierungsgesellschaften, dass die Unternehmensführung eine Management-Präsentation hält. Neben dem Vorstellen des eigenen Unternehmens soll hier dargelegt werden, was im Unternehmen bisher zum Thema Qualität durchgeführt wurde und wie der Systemaufbau vonstattenging. Hintergrund der Management-Präsentation ist die Frage, inwieweit das Thema Qualitätsmanagement im Unternehmen als Führungsaufgabe verstanden wird. Eine glaubwürdige Management-Präsentation stellt einen wichtigen Meilenstein auf dem Weg zu dem begehrten Zertifikat dar. Die Wichtigkeit, mit der die Zertifizierer die Management-Präsentation sehen, verdeutlicht nochmals die Bedeutung der Normkapitel 5–7.

Am Ende der Auditgespräche gibt der Auditleiter in der Abschlussbesprechung der Geschäftsleitung sein Urteil über das QM-System des Unternehmens ab. Er nennt die gefundenen Schwachstellen sowie positive und negative Eindrücke. Liegen gewichtige Abweichungen vor, so wird der Auditleiter auf einem Nachaudit mit definiertem Umfang bestehen und eine Empfehlung zur Zertifizierung zum gegenwärtigen Zeitpunkt ablehnen.

Mit der Erlangung des Zertifikates soll eigentlich erst der Startschuss fallen für eine permanente Verbesserung des Systems. Die Wirksamkeit des Systems wird jährlich durch Überwachungsaudits überprüft. Das Zertifikat selbst hat drei Jahre Gültigkeit. Danach muss eine Re-Zertifizierung stattfinden.

Die Zusammenarbeit mit dem Zertifizierungsunternehmen 12.2

Die Vorgehensweise der einzelnen Zertifizierungsunternehmen ist mit kleinen Unterschieden ziemlich einheitlich. Nach der ersten Kontaktaufnahme erhält das Unternehmen bei manchen Zertifizierungsgesellschaften zunächst eine Fragenliste, die etwa 60 bis 70 Fragen umfasst. Diese Fragen betreffen zunächst Größe, Struktur und Branche des Unternehmens. Sodann wird in Fragen, die auf den Forderungen der Norm basieren, die Struktur des QM-Systems abgefragt. Das bedeutet, dass diese Fragenliste erst dann ausgefüllt werden kann, wenn diese Struktur feststeht, die betrieblichen Abläufe also zumindest in einer Vorstufe geregelt sind. Die meisten Zertifizierer bieten darüber hinaus die Durchführung einer Vorprüfung als Ersatz für das erste eigene interne Audit an, des sogenannten Voraudits. Je nach eigenen oder externen Ressourcen des Unternehmens hat man die Wahl, ein solches Voraudit durchführen zu lassen oder nicht.

Der nächste Schritt besteht darin, dass vor der Auditierung die QM-Dokumentation geprüft wird. Dabei wird vor allem die Abdeckung der Normforderungen festgestellt. Das Ergebnis der Unterlagenprüfung wird in einem Bericht festgehalten. Führt die Unterlagenprüfung zu einem positiven Ergebnis, so kann der nächste Schritt in Angriff genommen werden.

Nun wird ein organisatorisches Vorgespräch geführt, sodass anschließend das QM-System durch Gespräche mit Führungskräften und Mitarbeitern im Unternehmen überprüft werden kann (Auditierung). Bei der Auditierung wird vor allem nachgefragt, ob das System im Unternehmen bekannt ist und ob es eingehalten wird. Die Auditierung wird in einem Auditbericht zusammengefasst. Falls gravierende Abweichungen festgestellt werden, so findet ggf. ein Nachaudit statt.

Der letzte Schritt bis zur Zertifizierung besteht in der Ausstellung des Zertifikates. Dieses hat eine Gültigkeit von drei Jahren, jedoch findet jährlich ein Überwachungsaudit statt, bei dem untersucht wird, ob das QM-System eingehalten und weiterentwickelt wird. Nach Ablauf der drei Jahren ist eine Re-Zertifizierung notwendig.

12.3 Kriterien für die Auswahl der Zertifizierungsgesellschaft

Schon zu einem recht frühen Zeitpunkt muss die Entscheidung darüber gefällt werden, welche Gesellschaft die Zertifizierung durchführen soll. Die Zertifizierungsgesellschaften müssen sich als solche bei der in Deutschland dafür zuständigen Deutschen Akkreditierungsstelle (DAkkS) akkreditieren lassen. Die DAkkS hat ihren Sitz in Berlin. Basis für die Akkreditierung ist die Erfüllung der Norm DIN EN ISO 17021. Zwar ist die Zertifizierung nicht gesetzlich geregelt, doch ist auf dem Markt nur das Zertifikat einer akkreditierten Zertifizierungsstelle anerkannt.

Stand Ende 2015 gab es in Deutschland 130 akkreditierte Zertifizierungsunternehmen. Manche dieser Unternehmen beschränken sich in ihren Aktivitäten auf Unternehmen bestimmter Branchen, andere haben regionale Schwerpunkte.

Bei der Entscheidung über die Zertifizierungsgesellschaft sollte man sich nicht ausschließlich von Preisgesichtspunkten leiten lassen. Man sollte sich auch fragen, ob es in der eigenen Branche einen Zertifizierer gibt, der innerhalb dieser Branche als Marktführer gelten kann.

12.4 Kostenbetrachtung

Die Kosten für Aufbau und Zertifizierung eines QM-Systems nach DIN EN ISO 9000 ff. variieren selbstverständlich mit der Unternehmensgröße und den Startvoraussetzungen, die im Unternehmen gegeben sind. Generell sind drei Kostenblöcke zu betrachten:

- interne Kosten für den Systemaufbau
- Zertifizierungskosten
- Kosten für einen externen Berater.

Die internen Kosten für den Systemaufbau sind die Kosten, die am stärksten von der Größe und Struktur eines Unternehmens abhängen. Weiter liegt ein bestimmender Faktor im Ausgangspunkt für den Systemaufbau. Ein Unternehmen, das schon einen Großteil seiner betrieblichen Abläufe festgelegt und beschrieben hat und in dem diese Abläufe auch in der Realität umgesetzt werden, hat vergleichsweise wenig Aufbauarbeit zu leisten. Ein Unternehmen aber, in dem die Abläufe weder analysiert und festgelegt noch beschrieben sind, wird sehr viel mehr Aufwand betreiben müssen.

Eine Zahl als Anhaltspunkt: In einem Unternehmen des Dienstleistungssektors, das an 40 Standorten in Deutschland ca. 450 fest angestellte Mitarbeiter hat, entstand ein interner Aufwand von etwa 18 Personenmonaten bis zur Zertifizierung. Allerdings hatte dieses Unternehmen einige seiner internen Abläufe bereits zu Beginn standardisiert.

Nun wäre es sicherlich nicht richtig, diesen Aufwand einfach anhand der Anzahl Mitarbeiter auf Unternehmen anderer Größenordnungen zu übertragen. In Abhängigkeit von der Unternehmensgröße variiert der Regelungsbedarf sehr wesentlich.

Auch die Zertifizierungskosten richten sich sehr stark nach der Unternehmensgröße. Dies ist bei allen Zertifizierungsgesellschaften der Fall. Kleine Unternehmen mit weniger als 10 Mitarbeitern haben mit Zertifizierungskosten von ca. 5 000 Euro zu rechnen. Mittlere Unternehmen werden zwischen 7 000 Euro und 12 000 Euro ausgeben müssen. Einige Zertifizierungsgesellschaften bieten inzwischen an, kleine Unternehmen mit gleicher oder ähnlicher Geschäftstätigkeit als Qualitätsgemeinschaft zu zertifizieren und dann besondere Raten anzusetzen.

Die Kosten für externe Berater von der Größenordnung her anzugeben, ist unmöglich. Diese Kostengröße variiert selbstverständlich mit dem Umfang, in dem die Dienste des Beraters in Anspruch genommen werden. Ein guter Berater, der nicht nur über theoretisches Wissen verfügt, ist normalerweise nicht unter einem Tagessatz von 1 000 Euro zu bekommen.

Was kann ein externer Berater leisten? 12.5

Die Entscheidung „externer Berater oder nicht“ stellt sich besonders in kleinen und mittleren Unternehmen. Während große Unternehmen meist eine ausreichende Personaldecke haben, um eigene Mitarbeiter zu qualifizieren und die entsprechenden Erfahrungen machen zu lassen, können sich viele kleinere Unternehmen diesen „Luxus“ nicht leisten. Tatsache ist, dass die Erfolgswahrscheinlichkeit bei der Zertifizierung größer ist, wenn ein qualifizierter externer Berater mitgewirkt hat.

Bei der Wahl des Beraters darf der Preis nicht die einzige ausschlaggebende Größe sein. Es ist sehr wichtig, einen Berater zu wählen, der nicht nur über theoretisches Wissen verfügt. Wesentlich wichtiger ist es, dass der Berater bereits selbst Erfahrungen mit dem Aufbau von QM-Systemen hat, nach Möglichkeit in der eigenen Branche. Diese Erfahrungen sollte der Berater nicht nur aus übergeordneter Managementposition gesammelt haben. Nur wenn er selbst auf operativer Ebene ein QM-System aufgebaut hat, kennt er all die Dinge und Konflikte, die mit einem solchen Projekt einhergehen.

Das Spektrum, innerhalb dessen ein externer Berater eingesetzt werden kann, ist sehr breit. Auf der einen Seite kann er lediglich Informationsgeber für die QM-Organisation sein. Auf der anderen kann er aber ein sehr wichtiges (externen) Projektmitglied, vielleicht sogar der Projektleiter sein. Ist seine Aufgabe so umrissen, dann wird er in allen Phasen den Projektfortschritt kontrollieren und frühzeitig steuernd eingreifen, wenn er negative Entwicklungen sieht. Aufgrund seiner Erfahrung sollte er in der Lage sein, dies bereits im Ansatz zu erkennen.

In jedem Fall ist es seine Aufgabe, die Anforderungen der Norm zu verdeutlichen und auf das Unternehmen zu übertragen. Er berät darüber hinaus die Unternehmensleitung und den oder die QM-Verantwortlichen bei der Umsetzung dieser Normforderungen.

Der Berater kann das neu ernannte QM-Personal projektspezifisch ausbilden. Die dazu notwendigen Schulungsmaßnahmen kann er entwickeln und halten. Auch die Ausbildung der Führungskräfte kann er zusammen mit dem QM-Personal entwickeln und durchführen. Dasselbe gilt für die Konzipierung der Mitarbeiterausbildung.

Bei kritischen Projektbesprechungen kann der Berater die Moderation übernehmen.

Eine wichtige Aufgabe des Beraters ist die Endprüfung von QM-Unterlagen. Hier ist es seine Aufgabe sicherzustellen, dass die Forderungen der Normen ausreichend abgedeckt sind.

Da ein guter Berater auch über ausreichende Erfahrungen als Auditor verfügt, kann er bei der Überprüfung des QM-Systems eine wichtige Rolle spielen. In der Praxis hat es sich immer wieder erwiesen, dass er bei internen Audits ohne jede „Betriebsblindheit“ Dinge ans Tageslicht bringen kann, die ein Interner nur schwer gefunden hätte.

Ein guter Berater kann in einem Unternehmen Dinge in Bewegung bringen, die intern aufgrund der Machtstrukturen und aufgrund eingeschliffener Bahnen nicht in Bewegung zu bringen sind. Interne Mitarbeiter haben bei manchen Problemen keine Chance, an den richtigen Stellen Gehör zu finden (der Prophet gilt nichts im eigenen Land). Berater haben hier oftmals sehr viel mehr Möglichkeiten.

Ein Problem, das manchmal bei Beratungen auftritt, ist, dass versucht wird, dem Unternehmen ein fertiges System überzustülpen. Dies kann nicht zum Erfolg führen, denn ein QM-System ist immer auf das jeweilige Unternehmen zugeschnitten und kann nicht einfach auf ein anderes übertragen werden.

Kritische Erfolgsfaktoren beim Systemaufbau, Gefahren 13

Die kritischen Erfolgsfaktoren beim Systemaufbau wurden meist schon erwähnt, doch noch nicht umfassend behandelt. Ein kritischer Punkt liegt bei der Beschreibung der Prozesse. Es muss um beinahe jeden Preis vermieden werden, dass dies von Stabsmitarbeitern durchgeführt wird. Sie sind in den seltensten Fällen ausreichend mit den echten Abläufen im Unternehmen vertraut. Deshalb besteht hier die Gefahr, dass ein Ablauf beschrieben wird, der nicht der Realität entspricht. Ideal ist eine Kombination von Stabs- und Linienmitarbeitern. Dann ist es möglich, dass die Linie das Ablaufwissen einbringt, der Stab aber die bestehenden Abläufe im Sinne der Ergebnisorientierung hinterfragt. Ablaufbeschreibungen, die nicht der Realität entsprechen, leisten keinen Beitrag zu einem wirkungsvollen QM-System, sie mindern im Gegenteil die Wirksamkeit. Vor allem werden externe Auditoren irgendwann auf den Unterschied zwischen Beschreibung und Realität stoßen. Dann kann sogar ein bereits erteiltes Zertifikat in Gefahr kommen.

In den meisten Unternehmen wird es beim Aufbau eines QM-Systems irgendwann zu Stab/Linienkonflikten kommen. Auch in kleinen Unternehmen kommt der QM-Verantwortliche nicht umhin, von Zeit zu Zeit Aufträge an Linienfunktionen zu vergeben. Dann kommen regelmäßig Antworten wie: „Wir müssen Umsatz machen, Sie machen Qualität.“ Solche Äußerungen zeigen ganz deutlich, dass das Qualitätsverständnis falsch ist. Jedermann im Unternehmen muss wissen, dass die eigene Qualität in der eigenen Verantwortung liegt, oder anders gesagt, dass Qualität Linienverantwortung ist. Um dies zu erreichen, muss bei allen Beteiligten zunächst Wissen geschaffen werden. Sodann brauchen aber die Mitarbeiter und Führungskräfte, die am Aufbau des QM-Systems mitwirken sollen, die entsprechenden Freiräume; dies ist keine Aufgabe, die man „nebenher mitmacht“.

In jedem Unternehmen gibt es eine mehr oder weniger große Anzahl Führungskräfte und Mitarbeiter, die sich mit Ziel und Aufbau eines QM-Systems nicht identifiziert, bzw. diesem kritisch gegenübersteht. Diesem Problem ist eigentlich nur durch die Einbeziehung dieser Personen beim Systemaufbau und durch gute Kommunikation zu begegnen. Kritik sollte nicht durch „Druck von oben“ unterdrückt werden, man sollte die Dinge ausdiskutieren. Eine Gelegenheit, aber sicher nicht die einzige, wo dies geschehen kann und sollte, sind die Workshops, die im Zuge der Schulung der Führungskräfte und Mitarbeiter stattfinden. Die dauernde Überzeugungsarbeit, die das QM-Personal leisten muss, kann wirkungsvoll verstärkt werden, indem man über Einzelbeispiele berichtet, die den Sinn der Normforderungen verdeutlichen. Beispielsweise gibt es in beinahe allen Unternehmen die folgende Situation: Nach Eingang einer Kundenbeschwerde beginnt ein hektisches Suchen nach den entsprechenden Unterlagen. Was kann den QM-Verantwortlichen in solch einer Situation daran hindern, in Form einer Mitarbeiterinformation dies zu schildern und darauf hinzuweisen, dass gerade dieses Problem durch die Forderungen der Normkapitel 7.5 „Dokumentierte Informationen" und 8.5.2 „Kennzeichnung und Rückverfolgbarkeit" gelöst wird.

Die Rolle des QM-Personals wurde in Kapitel 12 bereits relativ ausführlich beschrieben. Es soll an dieser Stelle lediglich nochmals darauf hingewiesen werden, dass das QM-Personal eine sehr wichtige Multiplikatorrolle im Unternehmen spielt.

Sehr häufig wird in Unternehmen die Entscheidung für den Aufbau eines QM-Systems getroffen und die Durchführung an den QM-Beauftragten delegiert. Wenn sich aber die Geschäftsleitung im weiteren Projektverlauf überhaupt nicht engagiert, dann sind Probleme vorprogrammiert. Die nachgeordneten Führungskräfte und Mitarbeiter werden sehr schnell erkennen, dass die Führung das Projekt als nicht so wichtig ansieht. Dann werden sie sehr viel weniger bereit sein, sich selbst zu engagieren. Wenn aber die Geschäftsleitung, z. B. dadurch, dass sie sich wöchentlich über den Projektstatus unterrichten lässt, zeigt, dass sie bereit ist, das QM-System auch vorzuleben, wird der Systemaufbau wesentlich erfolgreicher vonstattengehen. In diesem Zusammenhang sei nochmals an die Wichtigkeit des Normkapitels 5 „Führung" erinnert.

Bei der Überprüfung des QM-Systems im internen Audit können ebenfalls große Fehler gemacht werden, die bereits latent vorhandene Widerstände verstärken. Die Auditgespräche dürfen niemals im Stile einer Revision durchgeführt werden. Wichtig ist hier ein partnerschaftlicher Stil. Dies setzt allerdings eine angstfreie Atmosphäre im Unternehmen voraus. Besonders hilfreich ist es, wenn die Unternehmensleitung bereits im Vorfeld deutlich macht, dass keiner an den in seinem Verantwortungsbereich gefundenen Schwachstellen gemessen wird. Vielmehr sollte – zumindest bei internen Audits – der ausgezeichnet werden, der die meisten Schwachstellen aufdeckt. Es gab schon Unternehmen, in denen dafür zu Beginn der Audits kleine Prämien ausgesetzt wurden. Auditierung in partnerschaftlichem Stil setzt auf der Seite der Autoren faires Vorgehen voraus. Es darf nicht versucht werden, um jeden Preis Schwachstellen zu finden oder gar zu kreieren. Dies muss bei der Auswahl der Auditoren berücksichtigt werden.

In größeren Unternehmen ist es sinnvoll, die mitbestimmenden Gremien möglichst frühzeitig in den Systemaufbau einzubeziehen. Mit dem Aufbau einher gehen oftmals Ängste vor Rationalisierung und Arbeitsplatzabbau. Weiter werden immer wieder Regelungen geschaffen, die in Deutschland mitbestimmungspflichtig sind. Auch bei der Auditierung treten bei vielen Mitarbeitern und Führungskräften Ängste auf. Die Einbeziehung des Betriebsrats kann hier Konflikten vorbeugen.

Ein erfolgreicher Systemaufbau setzt generell zwei Dinge voraus: Zunächst muss im Unternehmen eine permanente Kommunikation eingerichtet werden. Es reicht keineswegs, wenn die Geschäftsleitung den Start des Projekts im Intranet den Mitarbeitern bekannt gibt, diese dann aber über Wochen nichts mehr hören. Vielmehr sollte regelmäßig – bei wichtigen Dingen auch außer der Reihe – über den Projektstatus informiert werden. Dies ist deshalb so wichtig, weil die Mitarbeiter sonst zu der Meinung gelangen, dies sei ein Programm, das nur wenige Auserwählte angeht, nicht aber sie selbst. Ist dies geschehen, so ist der Schock sehr groß, wenn sich bei den Schulungsblöcken plötzlich herausstellt, dass sie, die Mitarbeiter und Führungskräfte auditiert werden, und nicht jene Auserwählten. Die zweite wichtige Sache ist, dass man permanent versuchen muss, möglichst viele Mitarbeiter einzubeziehen, also von Betroffenen zu Beteiligten zu machen. Es gibt dafür keine Patentrezepte, es ist äußerst schwierig und stellt sehr hohe Anforderungen an das QM-Personal.

Selbstverständlich treten beim Aufbau eines QM-Systems neben Fehlern im Bereich der kritischen Erfolgsfaktoren weitere Gefahren auf. Eine der größten Gefahren ist die, dass eine unnötige und teure Bürokratie aufgebaut wird. Es wird der DIN EN ISO 9000 ff. sehr häufig vorgeworfen, dass sie dies begünstige, ja sogar fordere. Studiert man die Normtexte, so stellt man fest, dass dieser Vorwurf nicht gerechtfertigt ist. Die Tatsache, dass in manchen Unternehmen zusätzlich Bürokratie aufgebaut wird, resultiert meist aus Unsicherheit über den tatsächlichen Umfang der Normforderungen. Ist man darüber unsicher, so regelt man im Zweifelsfalle lieber mehr als zu wenig. Meist sind es größere Unternehmen, die in die Falle der zusätzlichen Bürokratie tappen. Möglicherweise ist dies damit zu erklären, dass man hier zu arbeitsteilig organisiert ist, zu wenig kommuniziert und auch ohne QM-System bereits zu viel geregelt wird.

DIN EN ISO 9000 ff. und TQM 14

Ist bei DIN EN ISO 9000 ff. die Rede vom Qualitätsmanagement (QM), so gibt es in der Fachliteratur einen weiteren Begriff, den des Total Quality Management (TQM). Schon aus den Begriffen wird deutlich, dass TQM mehr erreichen möchte als QM (vgl. Abb. 8). Das Gabler-Wirtschaftslexikon definiert TQM so: „Optimierung der Qualität von Produkten und Dienstleistungen eines Unternehmens in allen Funktionsbereichen und auf allen Ebenen durch Mitwirkung aller Mitarbeiter [...]".

Zunächst ist zu bemerken: So wie DIN EN ISO 9001 den greifbaren Umfang des Qualitätsmanagements ausmacht, also das zugehörige Qualitätsmodell ist, gibt es für TQM in Europa und Nordamerika zwei Modelle, die zu greifbaren Ergebnissen führen:

- MBA Malcolm Baldrige Award
- EQA European Quality Award.

Beide Modelle werden an späterer Stelle im Detail beschrieben.

Im Moment sind viele Unternehmen dabei, die neue DIN EN ISO 9001 zu erfüllen. Ist dies abgeschlossen, so hat das Unternehmen seine wichtigsten Abläufe festgelegt, denn dies ist im Wesentlichen die Zielrichtung dieser Norm. Damit ist eine stabile Basis geschaffen, auf der sich das Unternehmen weiterentwickeln kann. Die Zielrichtung dieser Weiterentwicklung heißt TQM.

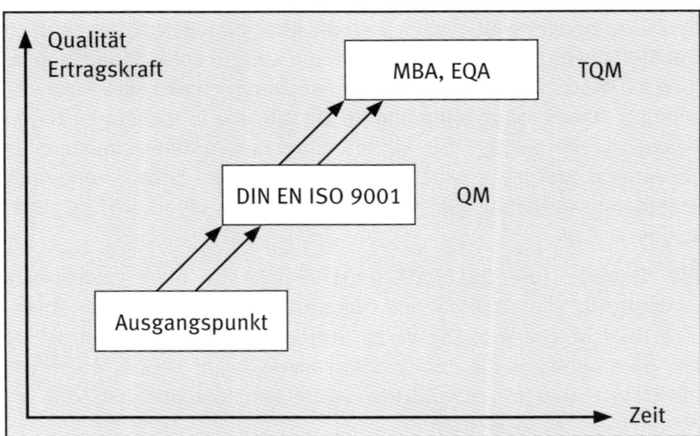

Abb. 8: Aufwand und Nutzen der beiden „Qualitätsphilosophien" DIN EN ISO 9001 und Total Quality Management

Total Quality Management – wie sieht das aus?

Vereinfacht hat TQM zwei Zielrichtungen:

- die optimale Nutzung aller im Unternehmen vorhandenen Ressourcen
- die Orientierung des gesamten Unternehmens auf den Kunden.

Die wichtigste Ressource im Unternehmen sind die Mitarbeiter und Führungskräfte. Dies bedeutet, dass TQM dafür sorgen will, dass alle diese Menschen mit optimaler Ausbildung und Motivation arbeiten. Dies bedeutet, dass einer der wichtigsten Aspekte in TQM die Einbeziehung der Mitarbeiter in die betrieblichen Informations- und Entscheidungsprozesse ist. Auch die Art der Führung ist von großer Bedeutung in der TQM-Philosophie. So ist TQM gekennzeichnet von einem partnerschaftlichen Führungsstil, flachen Hierarchien, großen Freiheitsgraden für die Mitarbeiter.

Die zweite Zielrichtung von TQM ist die Orientierung auf den Kunden. Nicht länger sollen die eigenen technischen Fähigkeiten bestimmen, wie das nächste Produkt des Unternehmens aussehen wird, sondern vielmehr der Kunde. Das bedeutet jedoch für jeden einzelnen Mitarbeiter und jede einzelne Führungskraft, dass die bisherige Innenorientierung durch eine Außenorientierung ersetzt werden muss. Nicht länger das Denken in Funktionen ist gefragt, vielmehr ergebnis- und ablauforientiertes Denken.

DIN EN ISO 9000 ff. als Basis

Es wurde bereits weiter oben gesagt, dass eine Zertifizierung nach DIN EN ISO 9001 eine solide Basis für die weitere Entwicklung in Richtung TQM sei. Die Verhaltensmuster in Unternehmen, die TQM verwirklicht haben, sind völlig andere als die, die in bisherigen Unternehmen vorherrschten. Die Veränderung von Verhaltensmustern ist ein Prozess, der Jahre dauert. Deshalb dauert die Entwicklung eines Unternehmens hin zu TQM sehr lange und wird eigentlich nie abgeschlossen sein.

Die Nachweisstufe DIN EN ISO 9001 regelt, wie bereits mehrmals verdeutlicht, die Abläufe und Verantwortlichkeiten im Unternehmen. Gleichzeitig wird die Verantwortung der Führungsmannschaft des Unternehmens für das Qualitätsmanagement bereits durch die DIN EN ISO 9000 ff. verdeutlicht. Auf beiden Komponenten kann im Weiteren aufgebaut werden.

Dieser weitere Aufbau kann anhand der Norm DIN EN ISO 9004 geschehen, die wesentlich weitergehende Aussagen zum Qualitätsmanagement macht als die Nachweisstufe. Hier werden die Sicherung der Wirtschaftlichkeit des Unternehmens thematisiert, die Art der Führung und nicht zuletzt die Motivation der Mitarbeiter. Damit wird die DIN EN ISO 9004 zur Brücke von DIN EN ISO 9001, dem Stadium, dem sich viele Unternehmen im Moment nähern, zur Annäherung an TQM.

Methodiken des TQM – Malcolm Baldrige

Malcolm Baldrige war Ende der 70er Jahre des 20. Jahrhunderts Handelsminister der USA. Um die amerikanische Industrie auf dem Weltmarkt zu stärken, ließ er auf Weisung des damaligen Präsidenten Ronald Reagan ein Programm entwickeln, das die Unternehmen, die messbare Qualitätsführerschaft erreichen, auszeichnet mit dem sogenannten Malcolm Baldrige National Quality Award (MBNQA). Der Malcolm Baldrige National Quality Award ist inzwischen Teil des US-Handelsgesetzes.

Unternehmen, die sich bewerben wollen, konkurrieren untereinander in sieben Kategorien:

1. Führung
2. Strategie
3. Kunden
4. Messung, Analyse und Wissensmanagement
5. Personal
6. Betrieb
7. Ergebnisse.

Jede dieser 7 Kategorien ist in Unterpunkte unterteilt, die jeweils einen Aspekt der Unternehmensführung beleuchten. Für jede der Kategorien gibt es eine maximal zu erreichende Punktzahl. Die Punktzahlen addieren sich zu maximal 1 000 Punkten. Die Punktzahlen der einzelnen Kategorien ändern sich von Zeit zu Zeit, doch die Schwerpunkte sind eindeutig:

1. Priorität Kundenorientierung und Kundenzufriedenheit

2. Priorität Qualität und operative Ergebnisse

3. Priorität Management der Prozessqualität.

Bei der Schätzung der Punktzahl, die ein Unternehmen erreicht, das die DIN EN ISO 9001 umgesetzt hat, gehen die Expertenmeinungen etwas auseinander. Die Größenordnung liegt zwischen 300 und 400 Punkten. Die starke Orientierung der DIN EN ISO 9001 auf die betrieblichen Prozesse macht deutlich, warum gesagt wird, diese Norm schaffe eine solide Basis für den Weg hin zu TQM.

Methodiken des TQM – European Quality Award

Da der Malcolm Baldrige Award ein Programm ist, das sich auf den amerikanischen Markt beschränkt, bildete sich in Europa sehr bald ein Gegenstück, der Europäische Qualitätspreis. In Europa ging die Initiative hierbei nicht von den Regierungen aus, vielmehr fanden sich Unternehmen zur Gründung der European Foundation for Quality Management (EFQM) zusammen, die diesen Preis vergibt. Schaut man sich die Kriterien an, die diesem Preis zugrunde liegen, so wird sehr deutlich, dass sie denen des Malcolm Baldrige Award sehr ähneln. Sie sind gegliedert in zwei Gruppen, die Befähiger und die Ergebnisse:

Befähiger:	Ergebnisse:
■ Führung	■ Kundenbezogene Ergebnisse
■ Politik und Strategie	■ Mitarbeiterbezogene Ergebnisse
■ Mitarbeiter	■ Gesellschaftsbezogene Ergebnisse
■ Partnerschaften und Ressourcen	■ Schlüsselergebnisse
■ Prozesse	

Auch beim Europäischen Qualitätspreis können maximal 1 000 Punkte erreicht werden. Die Aspekte, die die höchsten Punktwerte aufweisen, sind auch hier:

- Kundenorientierung und -zufriedenheit
- Schlüsselergebnisse
- Management der Prozessqualität.

Zusammenfassend sei nochmals betont, dass es sich bei TQM um eine Qualitätsphilosophie handelt, der sich die Unternehmen nähern können. Für den Weg dorthin bietet die Zertifizierung nach DIN EN ISO 9001 eine solide Basis. Für die Weiterentwicklung vom Zertifikat hin zu TQM gibt die DIN EN ISO 9004 viele wertvolle Hinweise.

Ausblick 15

Neben der Entwicklung hin zu TQM gibt es andere Entwicklungstendenzen im Thema Qualitätsmanagement.

Die bereits heute vorhandene Orientierung auf das Management der Geschäftsprozesse wird sich sicherlich noch verstärken. Hier hat die Normrevision vom Dezember 2000 bereits deutliche Zeichen gesetzt. Dies wurde bei der Normrevision im Jahr 2008/2009 beibehalten und jetzt noch verstärkt. War vorher in den Normen lediglich die Rede von Verfahren, die die Unternehmen einzurichten und aufrechtzuerhalten hatten, so ist in der neueren Fassung das Verständnis das, dass die betrieblichen Abläufe das Herzstück eines modernen QM-Systems bilden.

Eine zweite Tendenz, die wahrscheinlich unausweichlich sein wird, ist das Verschmelzen anderer Managementdisziplinen wie der betriebswirtschaftlichen Führung, des Arbeits- und Gesundheitsschutzes, des Datenschutzes und des Umweltmanagements mit dem Qualitätsmanagement und damit mit der Normengruppe DIN EN ISO 9000 ff. Der enorme Aufwand für die unabhängige Prüfung der betriebswirtschaftlichen Kenngrößen und Abläufe einerseits und der qualitativen andererseits ist nicht zu rechtfertigen. Auch die Tatsache, dass der erweiterte Qualitätsbegriff zwischen betriebswirtschaftlichen und qualitativen Kenngrößen nicht mehr unterscheidet, macht es sehr deutlich, dass diese Bereiche verschmelzen werden. Es ist also damit zu rechnen, dass sich der Trend hin zu ganzheitlichen Managementsystemen weiter verstärken wird.

Selbstverständlich wird sich die DIN EN ISO 9000 ff. auch weiter in Richtung TQM entwickeln und sich auf alle Hauptzielrichtungen des TQM erstrecken. Dies wird an der jetzt vorliegenden Version der DIN EN ISO 9001, aber auch an der DIN EN ISO 9004 bereits recht deutlich.

Weiter ist damit zu rechnen, dass die Norm auf lange Sicht zwei weitere Gesichtspunkte aufnehmen wird:

- Betriebliches Gesundheitsmanagement
- Alleinstellungsmerkmale als Arbeitgeber.

Beide Aspekte sind dem demografischen Wandel geschuldet, der in den nächsten Jahren in den Unternehmen zu dramatischen Veränderungen führen wird. Einerseits werden die Unternehmen dafür sorgen müssen, ältere Mitarbeiter länger arbeitsfähig zu halten. Andererseits werden sie bei der Findung neuer Mitarbeiter andere Wege gehen müssen, um Interessenten für die Arbeitsplätze zu finden.

Glossar 16

Ablauforganisation
Struktur der betrieblichen Abläufe

Akkreditierung
Zulassung von Zertifizierungsunternehmen durch die Deutsche Akkreditierungsstelle (DAkkS), Basis der Akkreditierung ist die Erfüllung der Norm DIN EN ISO 17021

Audit
Überprüfung der System-, Produkt- oder Verfahrensqualität durch Befragungen unabhängiger Dritter

Auditbericht
Dokumentation der Ergebnisse von Audits

Auditplan
Planung des zeitlichen Ablaufs von Audits

Aufbauorganisation
funktionale Struktur des Unternehmens (Organigramm)

Geschäftsprozessmanagement (GPM)
eine Methode zur Optimierung und Beschreibung von Prozessen

Business Process Reenineering (BPR)
radikale Überarbeitung und Optimierung betrieblicher Prozesse

Entwicklungsverifizierung
Überprüfung (auch von Zwischenergebnissen) bei der Entwicklung von Dienstleistungen

Ergebnisorientierung
Vorgehensweise bei der Strukturierung von betrieblichen Abläufen; Abläufe werden so strukturiert, dass das feststehende Ergebnis möglichst optimal „produziert“ wird

European Foundation for Quality Management (= EFQM)
Organisation, die den Europäischen Qualitätspreis vergibt

European Quality Award
Europäischer Qualitätspreis, basiert auf (= EQA) einer Methodik des TQM, europäisches Gegenstück zu MBA

Funktionsorientierung
Vorgehensweise bei der Strukturierung von betrieblichen Abläufen; Ablauf wird anhand der vorgegebenen funktionalen Struktur des Unternehmens festgelegt

Kurzfrageliste
Frageliste zur erstmaligen Kontrolle des QM-Systems durch die Zertifizierungsgesellschaft

Malcolm Baldrige Award (= MBA)
amerikanischer Qualitätspreis, basiert auf einer Bewertungsmethodik des

Malcolm Baldrige National Quality Award (= MBNQA)
siehe Malcolm Baldrige Award

Management-Präsentation
Präsentation, gehalten von der Geschäftsführung des Unternehmens, die den Auftakt des Zertifizierungsaudits darstellt

Nachweisstufe
die Norm innerhalb der Gruppe DIN EN ISO 9000 ff., die Anforderungen an ein QM-System definiert, die bei der Zertifizierung überprüft werden (DIN EN ISO 9001)

QM
Qualitätsmanagement

QM-Beauftragter (= QMB)
„Beauftragter der obersten Leitung“, der für das Thema Qualitätsmanagement im Unternehmen verantwortlich ist und der Mitglied des Führungskreises sein muss

QM-Organisation
Organisation der Führungskräfte und Mitarbeiter, die das Thema Qualitätsmanagement betreiben

QM-Personal
Personen, die Mitglieder der QM-Organisation sind

QM-Pläne
Pläne, die die Sicherung der Qualität erreichen wollen

QMS (= QM-System)
Qualitätsmanagementsystem

Qualitätsaudits
Überprüfung der Qualität im Unternehmen durch die Befragung durch unabhängige Dritte

Qualitätspolitik (= Q-Politik)
Aussagen der Unternehmensleitung, die das eigene Unternehmen hinsichtlich der Qualität auf dem Markt positionieren

Review
regelmäßige Überprüfung der Kennzahlen des QM-Systems durch die oberste Leitung

Total Quality Management
Qualitätsphilosophie, die über QM hinausgeht und die die umfassende Kundenorientierung des Unternehmens zum Ziel hat

Deutsche Akkreditierungsstelle (= DAkkS)
Organisation, die in Deutschland die Akkreditierung von Zertifizierungsunternehmen durchführt

Zertifizierungsaudit
Audit, durchgeführt von der externen Zertifizierungsgesellschaft, das bei erfolgreichem Abschluss zur Erteilung des Zertifikates führt

Zertifizierungsgesellschaften
Unternehmen, die Zertifizierungsaudits durchführen und Zertifikate vergeben dürfen

17 Literatur

Graebig, K.	DIN EN ISO 9001:2015 – Vergleich mit DIN EN ISO 9001:2008, Änderungen und Auswirkungen. 5. Auflage. Beuth Verlag, Berlin 2015.
Graebig, K.	Kundenzufriedenheit – Erreichen, Messen, Verbessern – Normentexte, Erläuterungen, Fallbeispiele. 2. Auflage. Beuth Verlag, Berlin 2013.
Pfitzinger, E.	Projekt DIN EN ISO 9001:2015 – Vorgehensmodell zur Implementierung eines Qualitätsmanagementsystems. Beuth Verlag, Berlin 2015.
Reimann, G.	Erfolgreiches Qualitätsmanagement nach DIN EN ISO 9001:2015 – Lösungen zur praktischen Umsetzung – Textbeispiele, Musterformulare, Checklisten. 3. Auflage. Beuth Verlag, Berlin 2016.

Normen:

DIN EN ISO 9000: 2015-11	Qualitätsmanagementsysteme – Grundlagen und Begriffe
DIN EN ISO 9001: 2015-11	Qualitätsmanagementsysteme – Anforderungen
DIN EN ISO 9004: 2009-12	Leiten und Lenken für den nachhaltigen Erfolg einer Organisation – Ein Qualitätsmanagementansatz
DIN EN ISO 19011: 2011-12	Leitfaden zur Auditierung von Managementsystemen
DIN EN ISO/IEC 17021:2015-11	Konformitätsbewertung – Anforderungen an Stellen, die Managementsysteme auditieren und zertifizieren

DIN-Taschenbücher:

DIN-Taschenbuch 223	Qualitätsmanagement und Statistik – Begriffe; Beuth Verlag, Berlin 2016
DIN-Taschenbuch 226	Qualitätsmanagement – QM-Systeme und -Verfahren; Beuth Verlag, Berlin 2016